打造好印象，讓工作都能如你所願

職場生存心理戰術

資深心理諮商師
櫻井勝彥

楓書坊

前言

和上司或下屬處得不好、與客戶的對話無法延續、在眾人面前會感到緊張……大家是不是都有這樣的煩惱呢？會不會想要解決這樣的煩惱，讓人生和工作變得更順利、更快樂呢？

曾經有一段時間，我也煩惱於人際關係、無法延續的對話、在眾人面前的緊張感等等。最後，我使用綜合了心理學和心理諮商的心理術，克服了這些問題。

你可能會感到不安，想著：「『心理術』聽起來就很難，我應該做不到吧！」

不過，請放心，只要抓住一些重點，任何人都能使人際關係更加順暢、讓工作更加順利，甚至可能一舉成為人氣王。

舉例來說，平時在與他人對話時，除了會遇到讓你感覺很難聊下去的人外，也會遇到很好聊的人，他們會讓你不知不覺間說出更多話。而造成此差異的原因只有一個，就是「點頭」的多寡而已。

雖然只是點頭，但其實只要做得好的話，平均可以增加20％的對話量。點頭具有認同和認可對方的意思，單單這個動作就能夠增進人際關係，並讓對方放鬆下來。

在心理學和心理諮商領域普遍認為：「每個人都擁有實現理想的資源。」簡而言之，這意味著「任何人都有能力實現理想、接近自我所期望的模樣」。

我們常常會認為自己不擅長處理人際關係或記憶力不佳等等，而「我不擅長○○」在不知不覺間就變成了我們對自己的刻板印象。可是，那幾乎都是基於過去的個人經驗形成的主觀認知而已。

存在於人類大腦和內心的潛力，遠超出我們的想像。因此，每個人不論年齡，都擁有改變自己和接近理想的可能性。

本書以盡可能淺顯易懂的方式整理出，任何人都能夠在職場人際關係、顧客應對、工作、讀書、日常生活中簡單應用的心理術。

誠心希望大家在日常生活中運用這些心理術之後，生活和工作都能變得更順利、更快樂，並更接近自己所期望的模樣。

櫻井勝彥

◎目錄

第2章 帶給人好印象的心理術

第3章 適合業務員、銷售員運用的心理術

第4章 讓你發揮出領導能力的心理術

第5章 從緊張不安中解放的心理術

第6章 提升熱情的心理術

第7章 提升能力的心理術

第8章 減輕壓力的心理術

◯插圖 末吉喜美

第1章

讀懂對方心理和真心話的心理術

01 為工作帶來巨大變化的心理術——讀心術是什麼？

「我才不相信占卜之類的東西。」應該有不少上班族都抱持著這種想法吧！

當然，本書並不是占卜相關的書籍，但請你試著想像一個情境。

假設你正因為與部長之間的人際關係感到困擾，這時被朋友硬是拉去占卜。占卜師一看到你的臉就說：「你正煩惱著上司的事情呢。」你會怎麼想？

你可能會感到相當驚訝，心想：「為什麼你知道？」並想說「反正就聽聽看這個人怎麼說吧！」

其實，這種讀取對方心情、想法的心理術，被稱為「讀心術」。

當我們被完全不理解自己的人說了什麼時，通常會選擇把事情藏在心裡；但如果對方是理解自己的人，我們就會願意敞開心房。

即使是初次見面，透過能夠讀取對方想法的讀心術，也能讓對方感覺到「這個人或許是理解我的」，進而促使對方敞開心房。

雖然我們並不是占卜師，無法透過讀心術直接知道對方在煩惱什麼、在想什麼。

但是，請不用擔心，一般來說，作為心理術的一種，讀心術能夠用來判斷「適用於任何人的事情」，而這樣就已經足夠了。

舉例來說，假設上司要你和工作態度明顯有問題的新進人員談談。

在這種情況下，最重要的是要試著站在新進人員的角度來思考。

首先，不能新進人員一過來，就想著要導正對方的問題，對他說：「你的工作態度好像有點問題……」

對方只會在心裡暗想：「這傢伙明明一點也不瞭解我，是在說什麼啊！」

那麼該怎麼切入比較好呢？

可以試著站在對方的立場，說出對方目前的感受。

「被叫來這種地方心情一定很不好吧？」

「課長的嘮叨很煩人吧？不好意思啊。」

對方聽到這些話，就會想：「咦？我還以為會被罵。你竟然能理解我的心情？」

並願意對你敞開心胸。

讀心術聽起來是一種很厲害的技巧，但最重要的基本原則只有「站在對方的立場思考」。

強硬地改變對方的態度是一件很困難的事，可是只要將心理術應用在日常行為中，就能夠為人生和工作帶來巨大的變化。

02 從眼球的移動看出對方想法

來做個小實驗吧！

請你試著問問同事或身邊的人：「你一個星期前的晚餐吃什麼？」如果對方想不起來，改成問前幾天也沒有關係，讓對方盡可能清楚地想起他們吃了什麼。

然後，在對方回想時，請你偷偷觀察他眼球的移動。從正面盯著看可能會讓實驗失敗，請偷偷觀察就好。

如何呢？

透過這個實驗，可以觀察到人在回想過去的事情時眼球是如何移動的。

一般而言，當我們在回想過去的事情時，眼球會有向左上（觀察者的視角為右上）移動的傾向；而當我們在想像「想成為的樣貌」等未來的事情時，眼球會有向右上（觀察者的視角為左上）移動的傾向。

因此，**藉由觀察眼球的移動，就能在某種程度上推測對方正在思考的事情**。這被稱為**眼球擷取暗示**。

不過，每個人的眼球移動模式都有些微差異，必須仔細地觀察。

舉例來說，當你向顧客介紹商品時，如果注意到對方的眼球向右上（觀察者的視角為左上）移動，可能表示顧客正在腦中想像使用這個商品的樣子：「使用這個商品會有什麼樣的效果呢？」

這便可以視為對方正在考慮購買的一個線索。

除此之外，**我們也可以透過眼睛來判斷顧客是否喜歡這個商品**。

在這裡，我們要注意的是瞳孔（黑眼珠）的大小。

人類瞳孔的縮放，不僅會根據光線的強弱來調節，也會受到心理狀態的影響。

當我們得到或看到自己喜歡的東西時，瞳孔會擴大；而當我們被迫聽著沒興趣的話題，或者對某個商品毫無興趣時，瞳孔會縮小。

俗話說：「眼睛比嘴巴更會說話。」觀察顧客的眼球移動和瞳孔的變化，就可以幫助我們理解對方的心理狀態。

順帶一提，如果你感覺到上司、下屬、同事或家人的瞳孔變得比以前還要小，這可能意味著他們累積了過多壓力，或者身心狀況不佳。這種時候，不妨關心他們一下吧！

反之，如果你感覺到他們的瞳孔變得比以前還要大，這可能意味著他們正陷入熱戀中，或者他們的生活充滿了快樂。

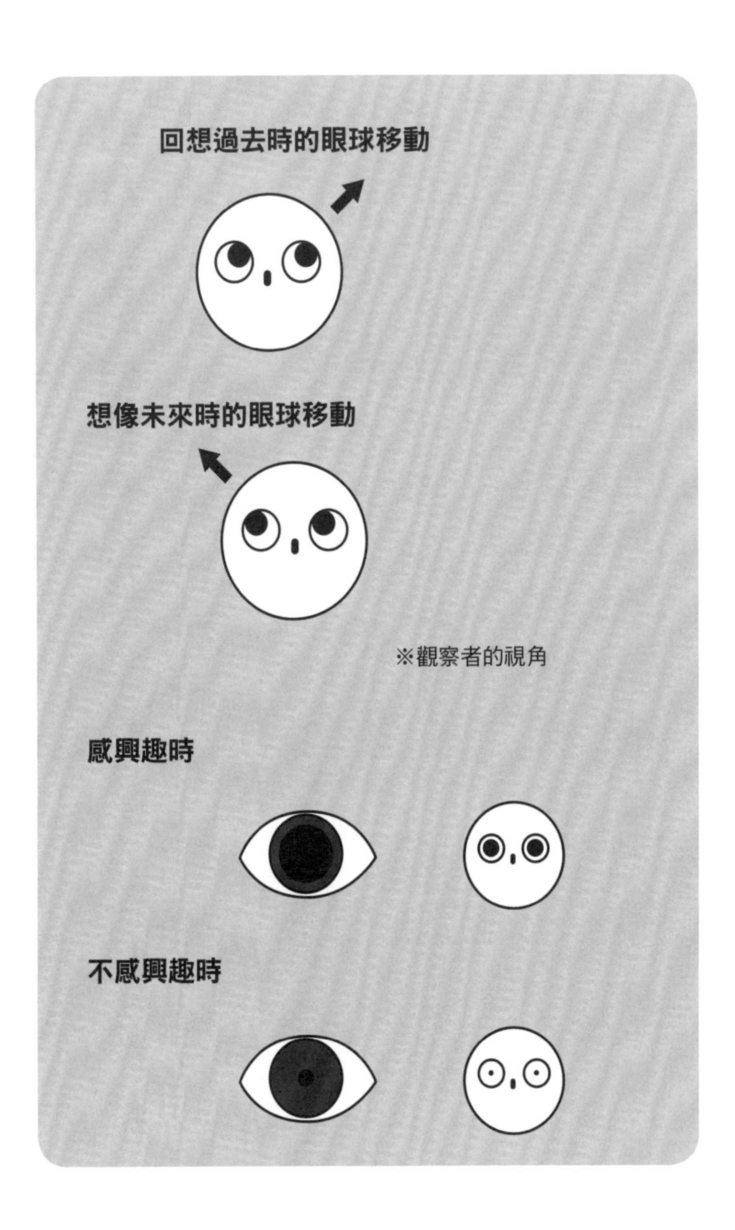
回想過去時的眼球移動
想像未來時的眼球移動
※觀察者的視角
感興趣時
不感興趣時

03

對方的真心話會表現在下半身？

「對方的真心話會表現在下半身？」

這種寫法可能會被誤以為是黃色笑話，但請不要誤會！

當你在與他人交談時，是否會懷疑對方雖然面帶微笑，心裡卻有著其他想法呢？

我們在與他人交談時，即使內心想著對方真討厭、想要趕快回家、想要拒絕對方等等，通常也不會直接把這種態度表現出來，這是日本人的性格特質。

至少我們不會擺出難看的臉色、轉頭面向旁邊，而是親切地對待對方。

事實上，我們在他人面前，會努力控制臉部、上半身等對方能看到的部分，以展現自己良好的一面。

但是，俗話說：「藏頭露尾」。即使我們可以透過神經傳導來控制臉部表情，也很難同時意識到下半身的動作。

也就是說，真正的想法很容易在無意識中表現在下半身，特別是膝蓋和腳的動作最容易透露出人的真實想法。

當對方在和你交談時，膝蓋和腳是朝向哪個方向呢？

如果對方的膝蓋和腳朝向你，通常沒有什麼問題；但如果朝向其他方向，可能表示對方不太想和你交談、想要趕快回家等等。

另外，除了下半身之外，位於上半身末端的手掌，也很容易透露出對方的真實想法。

如果對方緊握著拳頭，即使是面帶微笑，也可能表示對方目前非常緊張、在壓抑

情緒、在忍耐，或者對這些話無法同意等等。

我們很常說「手の内を見せる（譯注：把掌心展現出來。意即表現出內心的想法。）」事實上，人只有在放鬆的狀態、對對方卸下心防時，才會把掌心放在能被看見的位置。如果對方把手藏在桌子底下、插進口袋，或者交叉在後，可能表示對方尚未完全敞開心房、對你有所隱瞞，甚至有可能正在說謊。

要理解對方的真實想法，重要的是除了容易透過意識控制的臉部表情外，還要注意那些出現在下半身和末端的無意識動作。

雖說如此，如果一直盯著對方的下半身看，只會被當成變態，這點還請多留意！

對方的腳和膝蓋沒有朝向自己
=
想回家了
對方把手藏在桌子底下
=
尚未完全敞開心房

04

從筆跡就可以看出個性和心理狀態！

會不會覺得，在商業談判或接待顧客之前，如果能先瞭解一點對方的個性，會有所幫助呢？

有些行業，在剛和顧客碰面時會需要對方簽名。而其實從簽名的筆跡來看，能在某種程度上推測出對方的個性，和目前的心理狀態。

我在平時的講座和研習都會做一個實驗。

我會發給參加者一張白紙，然後請他們像平常一樣地寫下「あいうえお（譯注：日語五十音）」。寫完之後，請他們分組收集紙張，並把那些紙拿去跟其他組別交換。

最後，再讓他們猜猜看紙張上面的「あいうえお」是誰寫的，結果多數人都能夠以相當高的準確率猜中。

過去有人進行了類似的實驗，他讓受試者看了貝多芬等作曲家所寫的樂譜的一部分，並請他們猜測是哪位作曲家寫的，結果幾乎所有人都猜中了。

事實上，筆跡比我們想像中的還更容易透露出人的氣質、個性、或當下的心理狀態，特別是在字體大小上表現得最為明顯。

一般來說，有自信、活潑的人，會寫出又大又自由奔放的字。

那些字寫得非常大的人，除了個性豪邁外，通常也有著大嗓門。

反之，沒自信、內向的人，則會寫出比較小的字。

幾乎沒有主觀意識、不怎麼表達意見的人，寫出來的字通常小得令人驚訝。而且，他們說話的聲音也非常小，屬於想說不敢說、想問不敢問的類型。

個性一絲不苟的人，會把字寫得方方正正。他們在寫字時，「口」的四個角會毫無縫隙地連接在一起，「子」的最下方會確實地往上勾起。在面對這種類型的顧客時，可能需要應對得更嚴謹。

反之，個性無拘無束的人，則會寫出圓潤可愛的字。

另外，即使是同一個人，也有可能因為當時心理狀態的不同，而寫出不一樣的字體。

例如，在批改考卷時，常常會觀察到，當學生們對自己的答案有自信時，字體會變大；但寫到沒有自信的部分時，字體就會突然變小（這反映了不想被看到的心理作用）。

當趕時間或想快點結束對話時，則很容易寫出潦草的字。面對這樣的顧客時，要小心說話太冗長可能會引起不悅。

此外，**當身心狀態不佳、精神狀況不好時，字體往往會變小、寫字力道也會變淺**。當你在後輩或下屬身上觀察到這些徵兆時，不妨關心他們一下吧！

雖然學過硬筆字的人，不太會在筆跡上透露出個人習慣，而且也有例外。但把筆跡當作接待顧客時的參考資料也不錯吧！

從筆跡看出心理狀態和個性

筆跡	說明
口子	「口」的四個角毫無縫隙地連接在一起，「子」的最下方確實地往上勾起＝個性一絲不苟。
松本	字體大到超出格子的人＝個性豪邁。
山田	字體很小的人＝沒有主觀意識。
五　十　嵐	字的間距很寬的人＝沉著冷靜。
二階堂	字的間距狹窄的人＝容易擔心、緊張不安。
石井	字體圓潤的人＝個性無拘無束。

05 從遣詞用句就可以看出個性！

想要瞭解顧客的個性類型嗎？那麼注意觀察對話中的用字遣詞，或許會是一個好方法。

眾多區分個性類型的方法中，在這邊我將向各位介紹的方法，是以EGOGRAM心理測試為基礎。

首先，請各位想像一下。你今天在擠滿人的電車裡，很幸運地找到座位，但這時，一位拄著拐杖的老人家上了車……

這時候大家會怎麼做呢？心裡又會怎麼想呢？

①覺得應該要讓座給老人家，並對不這樣做的人感到生氣。

②想讓座給老人家，並覺得他站著很可憐。

③看狀況，覺得最接近的人讓座就好了。

④看心情。

⑤雖然想要讓座，但不敢說出口，擔心被拒絕。

在這五個想法中，大家的想法最接近哪一個呢？

想法像①一樣的人，個性即如傳統的「父親」一般，注重倫理和道德感，有著非常嚴厲的一面。

這種類型的人，經常把「不行」、「當然」、「應該」等詞彙掛在嘴邊。他們對於禮節、規矩、禮貌等方面有著嚴格的要求，因此可能會需要更嚴謹地應對。

想法像②一樣的人，個性即如溫柔的「母親」一般，對他人體貼，並總抱持著

「想保護對方」、「想為對方做些什麼」等想法。

他們經常使用「真是辛苦呢」、「讓我幫你吧」、「我懂你的心情」等詞彙，並且大多溫柔、樂於照顧人。因此在接待這類顧客時，即便動作有些拖拖拉拉，對方可能也會親切回應。

想法像③一樣的人，是屬於能理性思考、冷靜判斷狀況的「大人」類型。

他們經常使用「也就是說」、「為什麼」、「具體來說」、「什麼」等詞彙，很重視邏輯、根據和數據，並且討厭浪費時間。因此，可能會需要有效率的應對，以及合乎邏輯的說明。

想法像④一樣的人，是屬於依據心情、感情和直覺行動的「自由的小孩」類型。

經常使用「哇」、「呀」、「欸」、「真開心」等詞彙是這類人的特徵。他們最在乎的是開心的事、氣氛、心情，因此在接待這類人時，可以試著營造輕鬆愉快的氛圍。

想法像⑤一樣的人，是屬於會在意對方或別人看法而行動的「好孩子」類型。

經常使用「可以～嗎」、「不好意思」、「沒關係嗎」等詞彙是這類人的特徵。他們大多會因為有所顧慮，而不敢自己開口，因此可以試著主動詢問、搭話。

	詞彙	行動
父親類型	不行 當然 應該 一定要	打斷別人說話 高高在上的態度 客訴 指出錯誤
母親類型	真是辛苦呢 我懂你的心情 讓我幫你吧 好可憐	照顧他人 如家人般親切 為他人著想 自然的肢體接觸
大人類型	也就是說 具體來說 何時、誰、在哪裡、為什麼	掌握對話的節奏 姿勢端正 沉著冷靜
自由的小孩類型	哇、呀 太帥了、真開心 欸—— 真高興	活潑 常常笑 幽默 自由自在
好孩子類型	可以……嗎 不好意思、做不到 反正我……	察言觀色 畏畏縮縮 有所顧慮

06 問出對方真心話的提問技巧

我在上次會議時提出的企畫案，下屬實際上覺得怎麼樣呢……像這樣，每個人都會有想知道上司或下屬到底怎麼想、好奇對方真心話的時候吧！

在這裡，我們先來試著挑戰一個練習題。

假設你想要知道對方對於自己所做料理的真實感受，你覺得要怎麼做才能讓對方說出真心話呢？請想一想。

我們最常想到的就是「這個好吃嗎？」、「不好吃的話，直接說出來沒有關係」、「我想聽聽看你的真心話」等等。

這些問法當然沒有問題，但若對方是會顧慮他人感受的人，可能沒辦法讓他說出真心話。

「這個好吃嗎？」是一個**封閉式問題**，可以用是或不是來回答。

當幫你做飯的人問你「好吃嗎？」時，顧慮到對方的感受，通常很難直接回答不好吃。特別是如果做飯的人是上司，很多人可能會不管真實感受如何，總之就回答「很好吃」。

接著，「不好吃的話，直接說出來沒有關係」是一個**否定式問題**，面對這種被要求在覺得不好吃時發言的情況下，還是會因為顧慮到對方的感受，而難以啟齒。

那該怎麼做才好呢？不妨試試與上述封閉式問題和否定式問題完全相反的**開放式問題（無法以是或不是來回答的問題）和肯定式問題（沒有包含否定詞的問題）**吧！

例如，以下這種問法……

「下次朋友來的時候，我想要做這道菜，你覺得要怎麼做才會更好吃呢？」

這樣的問法，不會有要求對方評論料理的缺點的感覺，而是單純希望對方提供讓料理更美味的建議。這樣一來，就可以降低人們對回答的抗拒感。

例如，如果對方覺得味道有點淡，就能更容易地說出真實感受，「很好吃，但再加一點鹽巴可能會更好。」

關於會議上提出的企畫案也是如此。

當上司問下屬「我這個企畫案可以嗎」時，下屬有很高的機率會不管真實感受如何，直接回答「我覺得很好」。

而如果換作這樣問，「我上次在會議上提出的企畫案，你認為要怎麼做才能吸引其他部門的目光呢？」就更有可能讓對方說出真實感受。

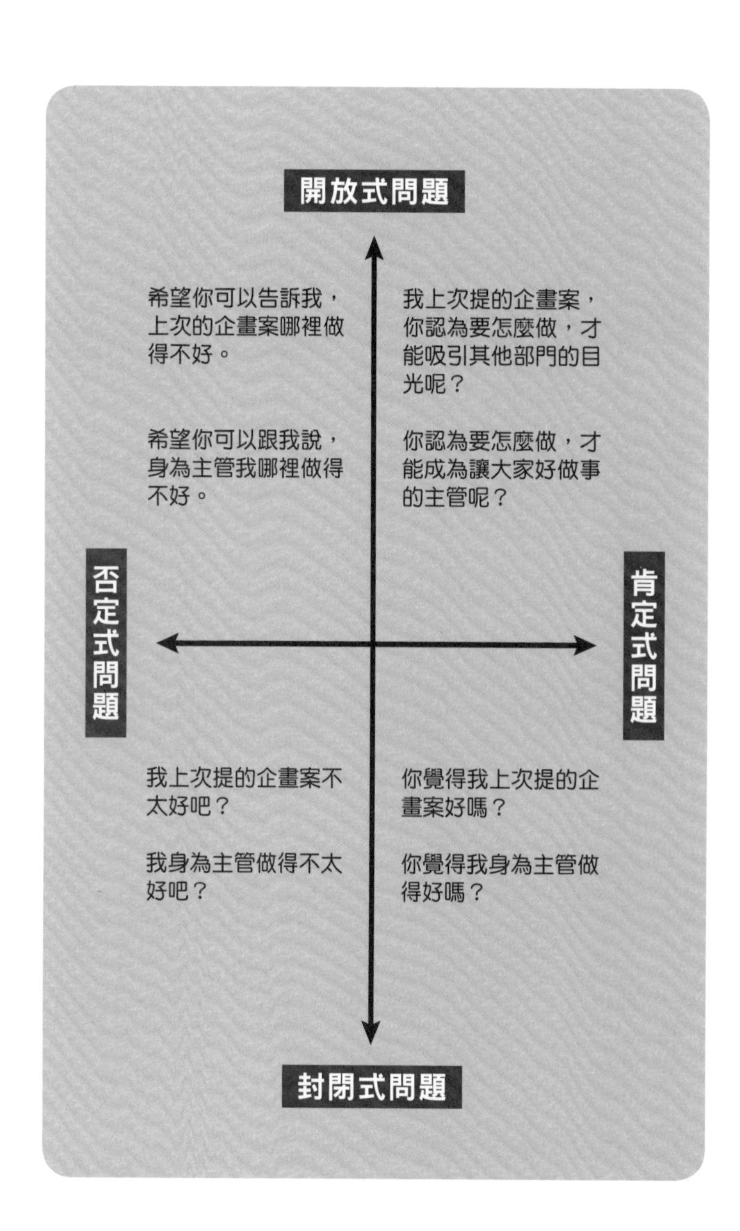
開放式問題
希望你可以告訴我，上次的企畫案哪裡做得不好。
希望你可以跟我說，身為主管我哪裡做得不好。
我上次提的企畫案，你認為要怎麼做，才能吸引其他部門的目光呢？
你認為要怎麼做，才能成為讓大家好做事的主管呢？
否定式問題
肯定式問題
我上次提的企畫案不太好吧？
我身為主管做得不太好吧？
你覺得我上次提的企畫案好嗎？
你覺得我身為主管做得好嗎？
封閉式問題

第2章

帶給人好印象的心理術

07

自貶型幽默——帶給人好感的自我介紹技巧！

進到新的職場或部門、出席跨行業交流會或聯誼派對等時候，都必須要自我介紹。

這種時候，大家會怎麼介紹自己呢？

請在以下三點中，選出一個跟自己的想法最接近的方法！

①為了推銷自己，說出自己的優點和引以為傲的地方。

②盡可能以幽默的方式，說出自己的缺點和不擅長的事情。

③說名字、工作或興趣等基本的事情。

如何呢？

接下來就讓我們搭配具體例子來看看這三種類型吧！

①為了推銷自己，說出自己的優點和引以為傲的地方。

例如：「我目前從事○○工作，畢業於T大。其實，我的父母、祖父也同樣是T大畢業，家族裡面有很多菁英，我常被說是名門子弟。」

②盡可能以幽默的方式，說出自己的缺點和不擅長的事情。

例如：「我和一號一樣，常被說是名門子弟。我的父親和祖父都……不是T大畢業的，但都是禿頭，我常被說遺傳了優良血統。」

③說名字、工作或興趣等基本的事情。

例如：「我是○○，目前從事○○工作，興趣是○○。」

如何呢？

當然，在某些場合的自我介紹，自我推銷是很重要的一件事，所以像①一樣說出自己的優點，或許是必要的。

但是，心理學稱此舉動為形成**上風位置**，若光說著自己的優點和成功經驗，會在無意識中向對方傳達「自己比較優秀」的訊息。因此，從對方的角度來看，就會有一種自己被輕視的感覺。

另一方面，②以幽默的方式向對方揭露自己的缺點。像這樣將自身的煩惱或缺點以幽默的方式說出，心理學稱此為**自貶型幽默。以自嘲等方式來幽默地介紹自己，會讓對方感到安心，也比較容易卸下對方的心防**。

③則是很常見且有些制式化的回答，是不是讓人感覺有些冷淡呢。會在人類腦中留下印象的只有自己喜歡的人和討厭的人，毫不在意的人通常不會被記住。這種自我

介紹並不失禮，算是比較保守的做法，但可能較難留下深刻印象。

從結論來看，②的方式比較好。

有一位搞笑藝人，連續好幾年都在好感度調查中名列前茅，而他即是以自嘲梗作為自我風格。這正是自貶型幽默受大家歡迎的最佳寫照。

自我介紹時，在不勉強自己的情況下，試著以幽默的方式說出自己的失敗經驗、缺點、不擅長的事情等，或許會帶來不錯的效果喔！

08 抓住機會的色彩心理術

大家在決定每一天的服裝、西裝、襯衫、領帶時，會注意顏色嗎？

曾經有一段時間，我每天都只穿黑色系的西裝、領帶和衣服，理由是就算弄髒也不會太明顯。

有一天，同事突然對我說：「你每天都只穿黑色系的衣服不太好喔！」

當下我完全不能理解是哪裡不好，也沒太在意。直到我在一本書上讀到，在倫敦有一座塗著黑漆的黑衣修士橋，原先是當地的自殺勝地，但在以亮綠色重新粉刷橋身後，自殺的人數就減少了。

在那之前，我對顏色和心理的關聯完全不感興趣。在經過各種學習後，我才知道，顏色對心理狀態造成的影響，其實比我們想得還要更深刻。**黑色如果好好地運用，會是一種非常時尚的顏色，但它同時也有壓抑情緒、降低內臟機能等作用**。而且，由於黑色本身的特性，會讓人不自覺地想避開、不去接近。也就是說，黑色系的服裝會在不知不覺中給人一種難以接近的印象，讓人保持距離。

雖然機會需要自己把握，但有時也來自別人。全黑或暗色系的服裝，會讓人難以接近，可能因此失去機會。所以，試著搭配一部分的亮色系，或選擇顏色較明亮的服裝吧！

另外，不只是黑色，所有顏色都具有能夠影響人們印象的力量。

舉例來說，大家對於紅色有什麼樣的印象呢？當面對這個問題時，多數人的回答都是熱情吧！

那麼，大家對於穿著紅色衣服的人有什麼樣的印象呢？果然還是會有熱情、充滿活力等印象吧！就像這樣，每個顏色都帶給人一個既定印象，好好善用的話，就能夠藉此改變自己的形象。

順帶一提，每個顏色給人的印象如下：

紅色　積極、充滿活力、喜歡引人注目
粉紅色　女性化、可愛、細膩、溫柔
橘色　健康、活潑、開朗、爽朗
黃色　開朗、樂觀、有領袖魅力的人
棕色　大人感、誠實、沉著
綠色　穩重、療癒系、低調
藍色　冷靜、沉穩的人、認真、誠實

紫色　自尊心強、感性的人、有藝術品味

灰色　謹慎行事、踏實的人、消極

白色　純粹、心地善良、好人、乾淨

上班時，或許比較不適合直接穿著綠色或粉紅色西裝，不妨試著在襯衫、領帶和口袋巾上加入一些顏色的巧思，如此一來，也能達到改變形象的效果喔！

適用於不同場合的領帶、襯衫顏色範例

※嚴格來說，推薦的顏色並非根據場合來決定，而是隨著當下想展現的自己，調整搭配的顏色。

面試	藍	想傳達認真的形象時
報告	紅	想傳達熱情、突顯自己時
會議	黃	想承擔重任、提出好點子時
約會	粉紅	想展現出溫柔的感覺或氛圍時
商業談判	橘	想展現出活潑的形象時
接待	綠	想讓自己低調以襯托對方時

09 人總是以貌取人！相貌心理學中的好印象術

「不能以貌取人」我們從小到大都被這樣教育著。

事實上，即使對於對方的第一印象不太好，當我們直接交談後，往往會發現他們和我們所想的完全不同。如同一直以來被教導的，以貌取人確實是不好。

但不可否認的是，仍然有許多時候我們會以外表、長相來判斷人，或者感覺到自己被以外表判斷。

人類主要依靠眼睛、耳朵等五種感官來感知、判斷外界情報，而研究顯示，**在日常生活中，我們使用約60%的視覺、20%的聽覺、15%的觸覺、3%的嗅覺、2%的**

味覺。

儘管根據研究的不同，數字上會有些差異，但可以確定的是，我們人類在生活中非常仰賴視覺和眼睛。

特別是在初次見面時，基本上不會特意聞對方的氣味、嘗對方的味道、觸碰身體。因此，實際上我們只能依靠視覺和聽覺，來判斷對方是怎麼樣的人。雖說以貌取人不太好，但受限於人類的感官系統，在初次見面等階段時是難以避免的。

不過，外貌的影響不僅如此。事實上，從心理學的角度來看，人的外貌的確會透露出個性。

舉例來說，當人感到不開心、生氣時，通常會在眉間出現皺紋，嘴角下垂。

雖然任何人都會表達情緒，但如果太頻繁地出現這種表情，就可能導致眉毛之間（印堂）變窄並留下深刻的皺紋，嘴角也會保留肌肉下垂時的痕跡。這即是所謂的

「肌肉記憶」。

年輕時，由於皮膚彈性良好，因此很容易恢復原狀。然而，隨著年齡增長，皮膚彈性逐漸消失，一旦出現皺紋，它們就會更容易留下。

也就是說，**過了一定年齡的人，臉上會反映出平時習慣的情緒和生活方式**。平時經常生氣的人，臉上就會總掛著一副憤怒的表情；經常哭泣的人，臉上就會總掛著一副悲傷的表情；總是待人和善的人，就會看起來一臉和藹。

因此，為了讓顧客或同事留下好印象，見面時的笑容固然重要，但在沒見面的時間裡（日常生活中），保持什麼樣的表情和臉色也不能忽略。

而這並沒有什麼小技巧，最重要的就是日常的努力。讓我們盡可能地保持笑容、微笑度過每一天吧！

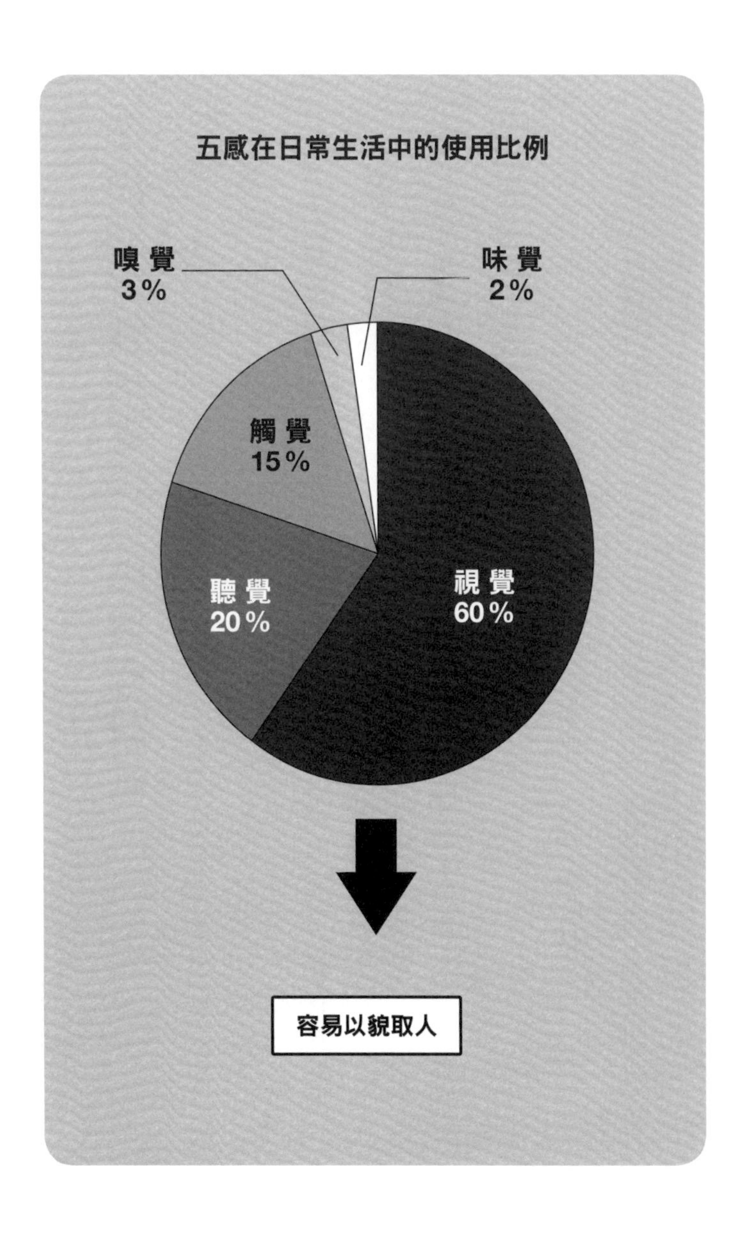
五感在日常生活中的使用比例
嗅覺
3%
味覺
2%
觸覺
15%
聽覺
20%
視覺
60%
容易以貌取人

10 運用同步性現象讓你變得會說話

說話讓人覺得無趣、找不到共同話題、不知道要說什麼、想變得更會說話等……

大家有這些煩惱嗎？

我也曾經煩惱著不會說話，覺得電視裡的搞笑藝人很厲害，想著：「為什麼這些人說話可以這麼有趣呢？」

直到有一天，我從綜藝節目得知，搞笑藝人們都會有一本「梗筆記」。

許多說話好笑的搞笑藝人，會把他們在日常生活和工作中遇到的、或是從他人聽來的趣事和想法，記錄在梗筆記。然後，在閒暇之餘把它重新讀過，並做好準備，讓自己在需要的時候能夠隨時說出來。

當然，也有人完全不用這樣做，就能不停說出好笑的話。然而當時的我，對自己說話的無趣程度有絕對自信，因此很快就開始嘗試這個方法。

最後，踏實的努力終於有了回報，現在我經常在研習、演講或課程上，收到參加者們覺得有趣的回饋，也常被誤認為是外向的人。老實說，這些全部都要歸功於梗筆記。

「沒有的東西，拿不出來」是一大原則。如果只收看新聞節目、閱讀學術書籍，說話內容往往會令人感到生硬。

雖然要讓說話變有趣，並沒有心理術或其他東西能夠依靠，只能靠自己在日常生活中踏實地努力。但其實也有一個類似心理術的技巧，能夠幫助你提升說話能力。

那就是，每天觀察那些擅於說話、有趣的人或你視為榜樣的人。

大家有沒有這種經驗呢？自己的說話方式、口頭禪或小動作，在不知不覺間就變得像身旁的朋友、戀人或同事一樣。這是所謂的**同步性現象**。

我們總說，常和說關西腔的人待在一起，說話就會出現關西腔。**其實，與喜歡的人待在一起，隨著時間推移，也會染上對方的說話方式等**。

請你試著每天透過電視或錄像，觀察自己喜歡的搞笑藝人或是覺得有趣的人。持續幾個月後，你會發現，你的說話方式、停頓節奏、詞彙選擇等，都在不知不覺間與對方愈來愈相似了。

除了透過筆記收集梗之外，如果你同時也持續這樣做，那麼讓人覺得你說話很有趣的日子或許就不遠了。

順帶一提，如果沒有像這樣有意識地觀察，多數人的說話方式往往會變得與自己的父母一模一樣，這點必須多加留意！

同步性現象
啊～
啊～
如果和對方的心理距離接近，小動作、身體動作就會產生同步。

11 與對方拉近距離的簡單心理技巧

與客戶的對話無法延續、聚餐時無法聊得很熱絡等……應該不少人都會遇到這些困擾吧！

不過，也有些人明明是初次見面，卻能輕鬆熱絡地交談。大家都有遇過這樣的人吧？

他們的對話常常會像這樣：「你是○○高中畢業的啊！」、「真巧！」、「我也是○○高中的」、「理化老師是誰？」、「對、對，是○○老師！」……

你會發現，他們往往能夠在對方身上找出共通點，像是出生地或母校等。

即使和對方第一次見面，但只要是畢業於相同學校，我們就會因為這個單純的理由，感覺彼此像是從前就認識的同伴，因而卸下心防。

國外旅行時，我們只要遇到同鄉人就會感到安心，並能夠和對方一見如故地聊個不停。這也是因為相同的理由。

人類的特性，使我們本能地分辨對方是否為同伴。感覺對方是同伴時，會敞開心房；反之，我們就會啟動防衛本能，把對方鎖在心房之外。

那我們是依據什麼來判斷對方是否為同伴呢？其實就是觀察對方和自己是否一樣、是否相似。換句話說，就是能否從對方身上找到雙方的共通點。因此，**如果想在初次見面就跟對方聊得很熱絡，重點便在於能從對方身上找到多少共通點或相似點**。

如果和對方有共通點，像是相同的母校或曾經做過相同的職業，一定就能相談甚歡。但是，實際上也很少有這麼偶然的事。這種時候，可以試著觀察對方的隨身物品，就算是小東西也沒關係。然後，當你發現你也擁有相同物品時，就跟對方說：「啊！我也有這個。」如此一來，便可以找出你們之間的共通點，並暗示對方：「我們是喜歡相同東西的同伴。」

此外，**配合對方的說話方式也很重要**，心理學稱此為「**言詞調節**」。如果對方用詞艱深，那我們也用艱深的詞彙說話；如果對方用詞簡單，那我們也可以試著用一些簡單的詞彙。例如，如果對方以「手提包」稱呼「包包」，那我們也可以模仿對方，使用「手提包」這個詞彙。這就如同交談之後，如果發現雙方都是說關西腔，隔閡很快就會消失。總之最重要的，就是讓對方感受到彼此相似。

當然，如果對方和自己有相同興趣，就能夠很容易地聊開。但若要剛好遇到與自己興趣完全一致的人，或許是可遇不可求。因此，不妨試著在平時就收集各種情報，讓自己無論遇到有什麼興趣的人，都能夠聊上幾句吧！

在對方身上尋找共通點
我也有一樣的原子筆！
言詞調節
謝謝你欸，我很高興！
這個商品很棒欸！
拉近距離

12

與討厭的人相處的黃金法則

無論是誰，在職場上都有一、兩個討厭的上司、同事或下屬吧！

而我們只要討厭對方，就會不自覺地與對方保持距離，這是人類的特性。

不過，有一個人際關係的黃金法則希望大家能知道。那就是**情感上的互惠**理論。

這個理論表示，**我們若友善地對待對方，對方也會友善地對待我們；反之，我們若閃躲對方、敵視對方，對方也會以相同的方式對待我們**。

簡單來說是，如果喜歡對方，我們就會被喜歡；如果討厭對方，我們就會被討厭。

我們只要覺得這個人有些討厭，就很容易在不知不覺間與對方保持距離，而這同時也會被對方察覺。如果感覺對方莫名其妙地一直在閃躲自己，沒有人會覺得開心。

此外，在和上司接觸時，如果只是被冷淡對待、稍微指責就討厭對方，這種情緒會很容易地表現在我們的態度上。

站在上司的立場來看，明明只是稍微提醒或是稍微嚴厲地說一下，就被對方用反抗的態度對待、閃躲，一定也會感到不開心吧！

當然，有時候不是自己的錯，或是問題出在對方身上，

但是，如果我們採取不友善的態度，也只會導致雙方關係的惡化。

因此，**即便覺得對方有點討厭、令人生氣，也試著沉住氣，友善一點吧！**

不需要一開始就勉強自己和對方加深關係，只要試著每天早上和討厭的上司或其他人微笑打聲招呼就足夠了。如果可以，也試著在下班時向對方微笑說聲「辛苦

了」。讓我們先從這些小事開始做起吧！

如果想進一步和討厭的上司改善關係，當你在和與上司關係親近的人交談時，試著稱讚一下上司的優點吧！

如同人的壞話很容易就會被傳開一樣，讚美的話也會在某個時間點，被傳到本人耳中。

不過，稱讚時必須得是你真心覺得對方好，不能只是隨口說說。

總之，最重要的是向對方表達友善的態度。只要重複這麼做，對方對待你的方式也會有所改變。

「付出的東西會回到自己身上。如果喜歡對方，我們就會被喜歡；如果討厭對方，我們就會被討厭。」

人際關係就像一面鏡子，而這就是人際關係的黃金法則。

我們表達友善，對方也會表達友善
我們討厭對方，對方也會討厭我們

13 叫名字就可以增加親切感

想和對方更親近嗎？可以試試「叫對方名字」、「改變對方名字的稱呼方式」，這是個很簡單就能做到的心理術。

當我們指著某個東西時，會根據與它的距離來使用不同的說法，例如：「那個」↓「這個」。

就像這樣，言語是存在距離感的。在稱呼人時也一樣，我們會以「那個人」稱呼陌生人（心理距離遠的人）；有些初步認識之後會改以「他」稱呼；比較熟悉之後會以「齋藤桑」稱呼；感情變好之後會以「齋藤君」稱呼；關係更加親密（心理距離變近）之後會以「武雄君」、「武醬」稱呼，人們會根據關係或心理距離來使用不同的稱呼方式。（譯注：在日本文化中，一般會以姓氏加上さん（桑）來尊稱人；若對方比較熟悉，會改用くん（君）來稱呼；若對方是朋友或更親近的人，則會用名字加上君或ちゃん（醬）來稱呼。）

也就是說，**如果想要與某人增進感情、變得更加親近，活用這個原理，逐漸改變稱呼方式，以熟人、朋友間的方式來稱呼對方，就能夠縮短你們之間的心理距離。**

請你試著想像一下，被上司或同事稱作「那個誰」，還是被稱作「齋藤君」，哪一個會讓你感到比較親切呢？答案不言而喻吧！

但是，必須要注意的是，如果沒有考慮場合和時間，突然就叫得很親近，可能會讓對方覺得你在裝熟。

為了避免這種情況發生，可以先試著介紹自己的稱呼方式，例如「我叫武田，你可以叫我武醬」，然後再詢問對方希望我們如何稱呼。

如果覺得這樣做有些困難，可以在一開始先以「齋藤桑」來稱呼對方，過一段時間後再慢慢改用「齋藤君」稱呼，同時觀察對方的反應，逐步拉近彼此的距離。

反之，如果不想與對方過於親近、想要保持距離時，在搭話時可以選擇不直接稱呼對方的名字，而是使用帶有距離感的稱呼方式，例如：「欸」、「不好意思」或「那邊那位」等。

跟大家閒聊一下，我在進行心理諮商時常會發現，親子關係差的孩子，通常會以「那個人」來稱呼自己的父母。

此外，在應對客訴時，叫名字也是一個很有效的方法！

人在網路上發表言論時，會覺得大家不知道自己是誰，就若無其事地說出一些激進、辛辣的言論，這被稱為**匿名效果**。

在稱呼顧客時，我們當然都是以「尊敬的客人」來稱呼，但這種稱呼方式同時包含著其他眾多的人，因此會提高匿名性。

因此，如果知道顧客的姓名，我們可以試著確切地叫出對方的名字，例如：「山田桑」、「田中桑」等。

如此一來，就能夠消除匿名性，有效地讓顧客的客訴不會太得寸進尺。另外，**叫名字也能夠給顧客一種特別的印象，讓對方感覺自己和其他顧客不同**。

心理距離
不好意思，
可以幫我
一個忙嗎？
嗯，我知道了。
山本桑，
可以幫我
一個忙嗎？
好～
山醬!!
可以幫我
一個忙嗎？
可以唷！

第3章

適合業務員、銷售員運用的心理術

14 單純曝光效應——將業務和商業談判引向成功

儘管已經很努力地上門推銷，或是按名單逐一打電話銷售，卻總是難以成功與客戶約見面或簽訂合約。不少人都有這樣的煩惱吧！

明明知道不可能，但還是全力以赴。這種態度確實令人佩服。

不過，這些直接找上顧客的推銷手法，或許對培養「毅力」有所幫助，但若從心理學的角度來看，對於「成交」可能不會產生任何效果。

請試著想像一下，假設你走在街上，突然被一個陌生人搭話：「不好意思，我忘記帶錢包了，可以借我一千元嗎？」

大家會怎麼做呢？

大多數的人應該都不會借吧！甚至會覺得對方莫名其妙，留下不好的印象。

那麼如果是職場同事或後輩對你說：「不好意思，我今天忘記帶錢包了，可以借我一千元嗎？」

大家會怎麼做呢？

是不是會想說：「好吧，一千元而已」，並借給對方呢？

即使是相同的請求或心願，對方答應的機率會根據是不是自己熟悉的人、有沒有過接觸，而有所改變。心理學稱這種現象為**單純曝光效應**。

也就是說，突然上門拜訪顧客、推銷商品，或是打電話給顧客，開口就要對方購買，這些行為都跟在街上被陌生人要求借錢一樣，反而會讓對方感到不愉快、不信任。

上門推銷或電話推銷時，常被顧客飆罵的原因就在這裡。

那要怎麼做才能避免這種情況發生呢？請不要一開始就突然拜訪、打電話給顧客進行推銷，可以先試著製造一些不會讓顧客感到負擔的接觸機會。

剛開始可以先讓對方認識自己、公司和商品，接著慢慢增加與顧客接觸的次數，等對方對你有一定程度的瞭解之後，再開始談生意會比較好。

人類會本能地對初次見面的人、不太熟悉的人有所警戒。因此，無論如何都必須先讓對方記住你的臉、認識你。

順帶一提，有一項針對電視廣告進行的研究顯示，隨著接觸次數（觀看次數）的增加，人們對於廣告或商品的好感度也會相對地提升。

另外，針對人像照片進行的研究，也顯示出相同結果，隨著接觸次數（看過的次數）的增加，人們對該人像愈容易產生好感。

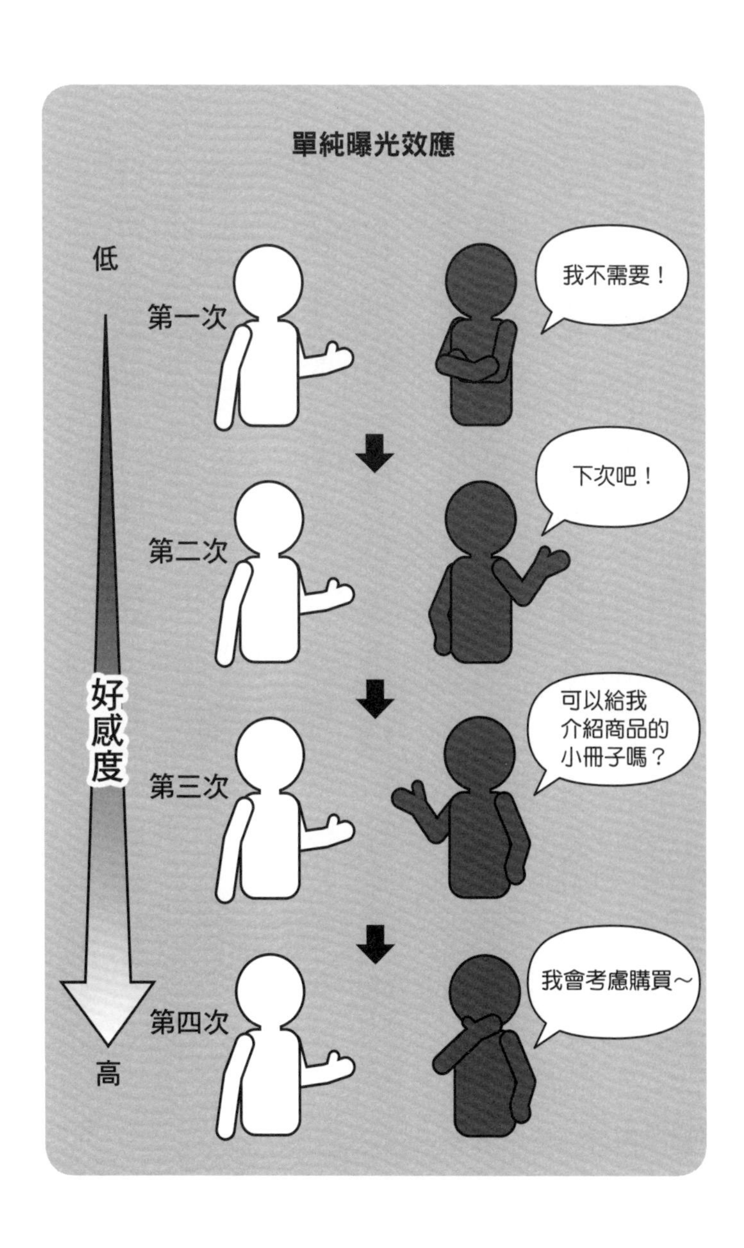
單純曝光效應
低
好感度
高
第一次
我不需要！
第二次
下次吧！
第三次
可以給我
介紹商品的
小冊子嗎？
第四次
我會考慮購買～

15 「請你不要買。」比「請你買。」更有效

如果朋友、家人或另一半對你說：

「我把一個不想被別人知道的東西放在這裡面，絕對不要看喔！」

「絕對不要看我的手機喔！」

大家會怎麼想呢？

是不是會很在意，想說到底是什麼東西要藏成這樣，反而變得更想看了呢？

心理學稱此現象為**卡里古拉效應**。

我們在被禁止做某件事時，反而會變得更加在意那件事並更想要去做。這是人類

心理的特性。

卡里古拉效應中的卡里古拉，是一部電影的片名（譯注：台灣譯為《羅馬帝國艷情史》）。這部電影由於內容過於偏激，被禁止上映。但反而因此掀起話題，引起注目。後來，這樣的效應就被以此電影來命名。

一本名為《不可以買》的書，曾經引起話題，而這也是基於同樣的原理。

小時候，很多人都被父母強迫讀書，這種強迫讓他們感到反感，漸漸變得討厭讀書。那是因為我們會討厭被人強迫做某件事，原則上想要依自己的意志或心情來自由選擇行動。當我們的自由被人剝奪時，就會感到很大的壓力，並在心理的影響下，變得想要追求自由。

在銷售或商業談判時也是一樣，對方說著：「請你買」、「請你簽約」，以強硬的態度逼迫你時，就會產生反抗心理，反而失去購買慾望。

即使如此，若直接說「請你不要買」、「請你不要簽約」，也很不自然。

因此，可以試著向顧客說：「這個商品存貨稀少，我只想賣給真的想要的顧客。」在戀愛方面，我們常說要欲擒故縱。其實，銷售時也是一樣，不能光追著顧客跑，有時適時放手一下也很重要。

另外，愈被禁止就愈想做的例子還有這些：

・「這件事絕對不要跟別人說喔！」對方愈是這樣說，就愈想說出來。
・「不行吃，吃了會變胖！」愈是這樣想，就會愈想吃，造成復胖。
・「請遵守校規！」愈是被這樣強硬命令，就愈想大膽反抗。
・「不要外遇。」愈是被這樣嘮叨，就愈是想做。
・愈是強迫提出分手的另一半與自己復合，就愈容易被對方討厭。

卡里古拉效應
這個商品真的很棒喔，請你一定要買！
真煩人啊，我不需要。
這是限量生產的商品，我只想賣給真心喜歡這項商品的人。
真好奇到底是什麼樣的商品啊？

16 以退為進法——讓對方在不知不覺間買下

當我們看到廣告標語上面寫著「製造商希望販售的價格為7980日圓，現在特別優惠，只要2980日圓」，就會覺得很划算，並在不知不覺間購買。大家都有這樣的經驗吧？

這種先標示高價後，再調降金額，標示新價格並販賣的方法，心理學稱為**以退為進法**。

如果一開始就標示2980日圓，不會讓人覺得划算；而先標示7980日圓，就可以展現出划算的感覺，進而大幅提升購買的機率。

雖然光是這樣做就已經產生很大差異，但最近的電視購物節目，也常常使用另一個心理術。

而那一個心理術就是……

首先，像剛才的例子一樣製造出划算的感覺，「製造商希望販售的價格為19800日圓，現在特別優惠只要10000日圓，只有現在！」接著過一段時間後，又說：「另外，在這次的特別企畫，我們將會贈送○○給購買的顧客！」**在顧客覺得便宜划算的時候，告訴他們事實上不只這樣（不僅如此法），藉由贈送贈品，更進一步展現出划算的感覺，促使顧客購買**。

就算有很多人會在售價大幅下降時不自覺地購買，但也會有還在猶豫的人。而對於這樣的顧客，可以藉由附加贈品，來推他們一把。

當然，也是因為企業的踏實努力，才能做到降低售價、附加贈品等。雖然比不上一些小伎倆，但比起單純使用低價策略來販賣，毫無疑問能更大幅提升購買率。

順帶一提，「只有現在」這句販售標語，被稱為**稀缺效應**。比起宣傳「不管什麼時候買都會得到贈品、都是這個價格」，宣傳「只有現在可以買、只有現在可以得到贈品」會更能有效地提高購買率。

如果仔細觀察這種販售手法，會發現有些店家、企業一整年都在宣傳著「期間限定優惠」。

而最近的電視購物節目，經常會在販賣時限定一個極短的時間，例如：「只限三十分鐘內下訂的顧客！」這是因為，如果一段時間內都可以用這個價格購買，很多人就會不自覺出現「再考慮一下吧」的想法，最後，隨著時間流逝而忘記購買。

因此，以三十分鐘來切割出一個非常短的時間，就能夠不給顧客考慮的機會，讓他們迅速做出決定。

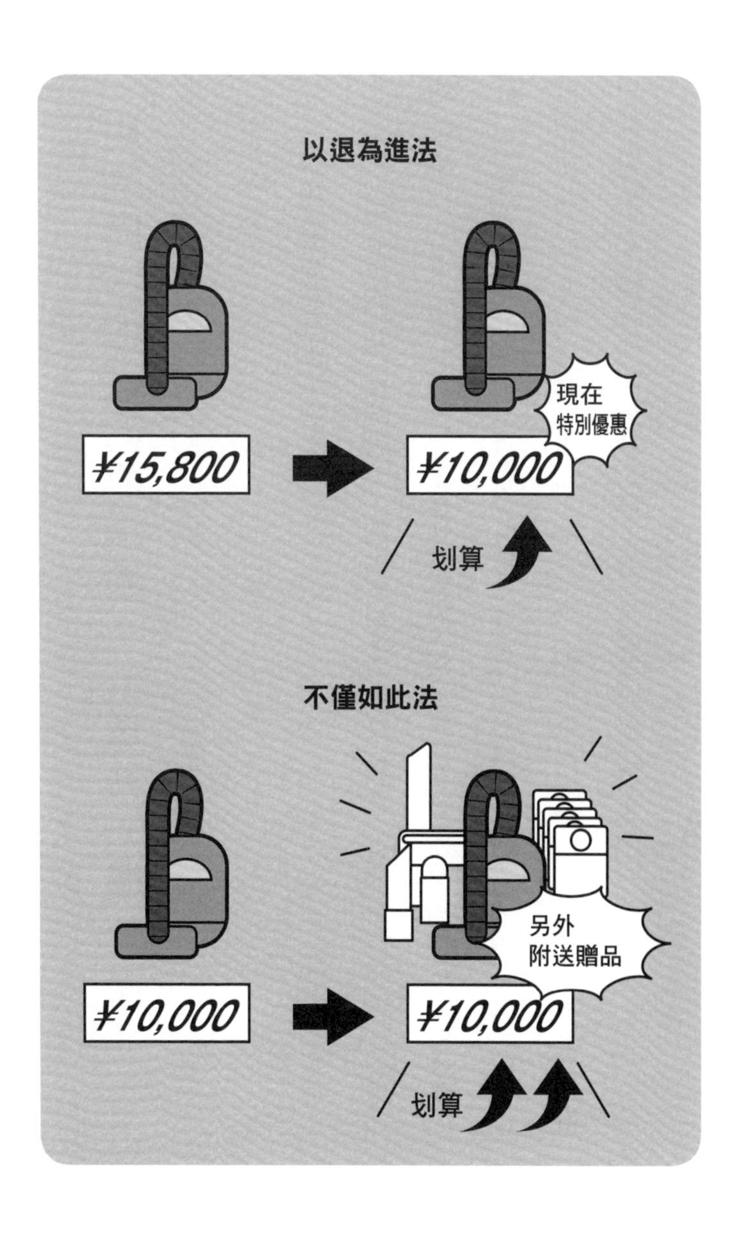
以退為進法
¥15,800
¥10,000
現在
特別優惠
划算
不僅如此法
¥10,000
¥10,000
另外
附送贈品
划算

17 失去顧客信任的心理術？低球技術是什麼？

「現在購買的話免費！」

當你被這樣的販售標語吸引，進到店裡後，問店員：「真的免費嗎？」店員回答：「是的，免費」。然後，聽了詳細的說明，到了要填寫購買的合約書時，店員突然說：「真的很抱歉，必須在這邊跟您收取手續費○○○○○元」，而你因為已經花很長時間聽店員說明並填寫資料了，所以也沒辦法在這時候說出「那不用了」，並且覺得拒絕很麻煩，最後就那樣完成簽約。大家有沒有這種經驗呢？

其實，心理學稱此為**低球技術**，是一種談判、販售的手法。

低球技術是，**一開始先丟一顆低而好接的球給對方，展示容易讓顧客輕鬆答應的好條件，等對方答應之後，再展示負面條件的手法**。

先強調免費，等得到顧客同意後，再展示手續費等等負面條件。比起事先就告知「需要手續費○○○○○元」，將能夠提高談判、販售成功的機率。

使用這種手法，會讓多數人沒辦法拒絕、覺得改變說法很麻煩，確實可以因而提高成功簽約的機率，但會出現一個問題。

站在顧客的立場來看，對於使用這種手法來販賣商品的店員或企業，會產生一點被欺騙的感覺，並失去信任感。

最近很常看到使用低球技術的店家，老實說令我感到有些遺憾。但在心理學中，也的確存在一些這樣的小伎倆。

如果覺得失去顧客的信任也沒關係、只想優先追求眼前的利益，用這個手法來談判、販售也不失為一個方法。但是，如果失去顧客的信任，就沒有「下次」了。

如果沒有「下次」，事業就沒辦法持續地成長。因此，可能需要小心使用。

順帶一提，特賣會的廣告常寫著「二折起！」而看到這樣的標語，就會覺得「那麼便宜的話，不去不行」。但實際到店之後，發現二折的商品只有兩個……這同樣也是利用低球技術的行銷方式。

這樣做確實可以聚集人潮，也會讓人想說「都特地來了，就買點東西吧」，使營收因此上升。但是，那些期待二折而去的人，會感到很失望吧！

希望大家能記得，不背叛顧客的期待，也是商業中很重要的一環喔！

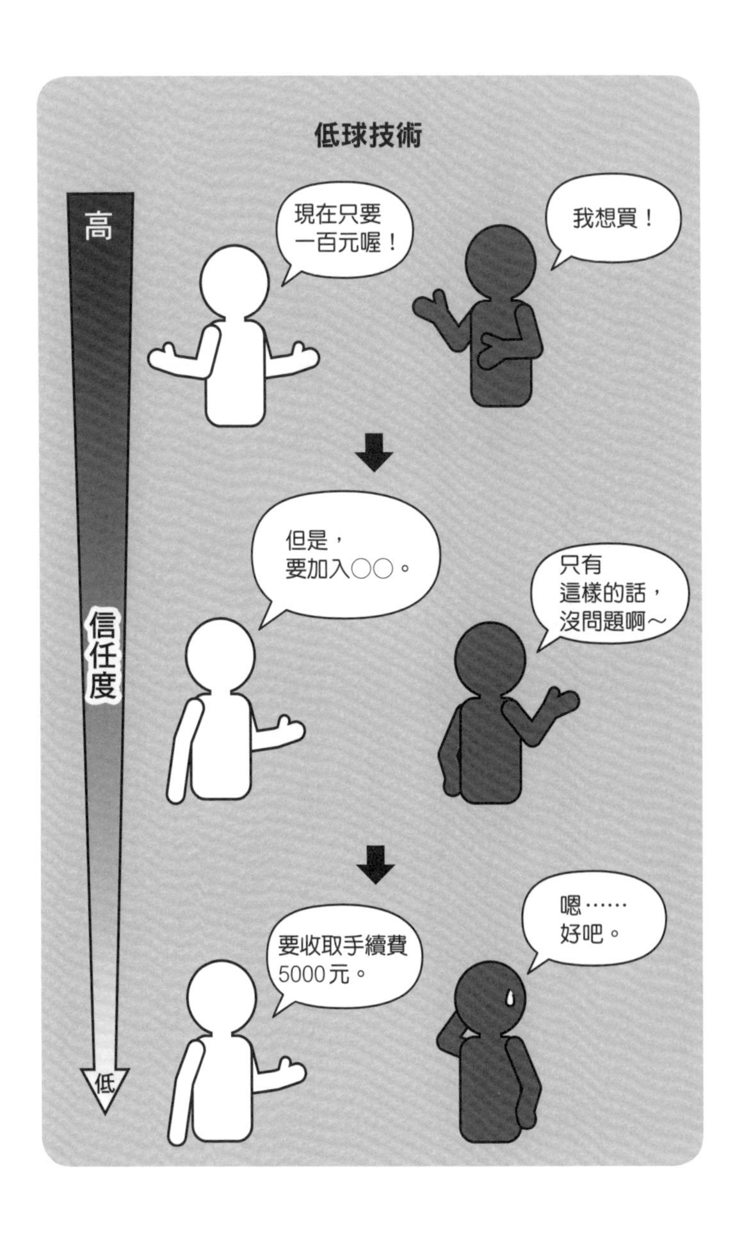
低球技術
高
信任度
低
現在只要
一百元喔！
我想買！
但是，
要加入○○。
只有
這樣的話，
沒問題啊～
要收取手續費
5000元。
嗯……
好吧。

18

讓對話和商業談判順利進行的座位技巧！

和顧客商談、和下屬面談時，大家會注意自己「坐在哪裡」嗎？（並不是指上下座的意思）。

一般來說，會議室、餐廳或咖啡廳的座位，幾乎都是採取雙方對坐的形式，所以我們也會理所當然地面對面坐下。

雖然座位是一件很單純的事，但它其實深深影響著彼此交談是否熱絡、商談是否順利，甚至消除緊張等。

事實上，心理治療師平常在進行心理諮商時，會特別留意位置，**讓自己盡可能避**

開對方（病人）的正面，坐在右前方。

為什麼要避開正面呢？這是因為大部分人都有一個**個人空間**，當他人靠近時，我們就會有所警戒並感到壓力，而愈接近正面時，個人空間範圍愈大。

如果坐在正面，我們便會侵入對方的個人空間，在無意識中給對方造成壓力和緊張感。個人空間被侵入時，會產生一些壓力反應，例如：心跳加速、肌肉僵硬等。當對方感到緊張，就會無法進行自然的對話，我們也就難以引導對方說出真心話。

此外，正面也難以避開對方的視線。在吃飯時，可能會感覺對方一直盯著自己的吃相，因此無法放鬆。

那麼，為什麼是坐在對方的右前方呢？

這是因為，斜前方的個人空間範圍，比正面還要狹窄，比較不會讓對方有所警戒，而且這個位子也能讓對方輕鬆地避開視線。

另外，還有一個比較深入一點的理由（關於這點，有很多種說法）。以自然界、動物界的觀點來看，在初次見面時，陌生的對方就是敵人，說不定會突然朝自己發動攻擊。這種時候，如果對方瞄準自己的心臟，可能就有生命危險。因此，坐在遠離對方心臟的位子，會讓對方感到比較安心。

也有觀點認為，坐在對方的右側（慣用手側），萬一攻擊過去，對方就能以慣用手進行防禦。

實際上，在現代日本社會的我們，很難想像初次見面的人會瞄準自己心臟攻擊過來，但當我們與人初次見面時，還是會感到緊張並保持警戒。這就是人類保護性命的本能所導致的結果。

當人放鬆、安心時，將會敞開心胸，說出平時的想法，並更容易接納對方。因此，這不只適用於重要商談的場合，當想熱絡談話時，不妨也注意一下座位吧！

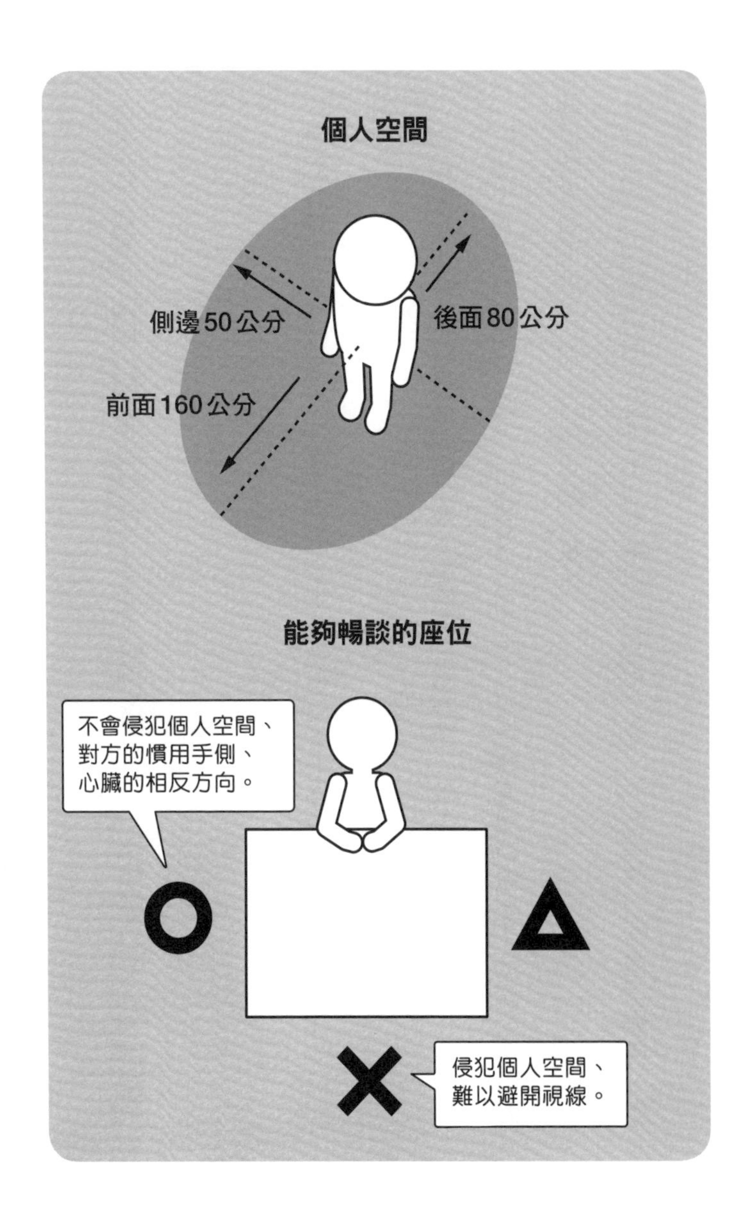
個人空間
側邊50公分
後面80公分
前面160公分
能夠暢談的座位
不會侵犯個人空間、
對方的慣用手側、
心臟的相反方向。
侵犯個人空間、
難以避開視線。

19 YES／BUT技巧——能夠有效拒絕的心理術

當顧客或上司要你做一些做不到的事，或是提出不合理的要求時，大家都會感到困擾吧！

這種時候，如果有可以避免對方不高興的拒絕方法，是不是很棒呢？

例如，客戶突然要求折價，但狀況不允許時，大家會怎麼回覆呢？恐怕大多數人都會面帶尷尬地說：「啊，可能有點困難。」

在沒有心理準備的情況下，突然被這　問到，會出現這樣的回覆也是難免。但是，對於對方的要求，如果馬上回答「不能」、「沒辦法」等，會給對方一種不夠認真考慮的印象，並可能因此造成顧客的不愉快。

這種時候，很適合使用名為**YES／BUT技巧**的心理術來進行溝通。

YES／BUT技巧，顧名思義就是一開始先接受對方的要求或邀請（YES），後續再向對方說明做不到的理由（BUT）的一種方法。

例如，可以試著說：「我當然也很想遵照您的期望，盡可能壓低商品價格。但很抱歉，本公司正在努力削減支出，而這已經是目前情況下，我們所能提供最優惠的價格了。如果不嫌棄其他方式，我會考量看看是否能提供其他福利。」

如何呢？這種說法，比起面帶尷尬地說「啊，可能有點困難」，將會帶給對方完全不同的印象吧！

如何運用YES／BUT技巧來好好拒絕對方的要求或邀請呢？重點就是，向對方傳達你內心非常想接受對方的請求或邀請之後，**再配合「抱歉」等等緩衝語句**，

向對方盡可能地具體說明，沒辦法接受要求的理由。

「我很想給予商品更多折扣，但可能沒辦法。」像這樣沒有具體理由的說法，有可能讓對方感覺你不夠認真考慮；而「本公司正在努力削減支出，這已經是目前情況下，我們所能提供最優惠的價格了。」像這樣加上具體理由，就能讓顧客理解為什麼沒辦法。

接著，「如果不嫌棄其他方式，我會商討看看是否能提供其他福利。」在婉拒後提出替代方案來向對方展現誠意，就能以不會造成對方不高興的方式拒絕對方。這是YES／BUT技巧的重點。

先表達接受的態度
你能幫我做這個嗎？
我很想做做看那個工作！
但是很抱歉，我目前的工作一定要在這星期之內完成。
那就沒辦法了…
你能幫我做這個嗎？
不行。

20 使用心理諮商的技巧來應對客訴

大家在應對客訴時，有沒有因為顧客的憤怒完全無法平息，而感到困擾的經驗呢？

這種時候，總會覺得方法只有一直道歉吧？

不過，其實只要運用一點心理諮商的技巧，或許就能在一瞬間平息顧客的憤怒。

大家在街上突然聽見以前常聽的音樂時，當時那些令人懷念的心情和回憶會不會一一湧現呢？事實上，**當我們看到、聽到某種事物時，這些五感所感知到的資訊，會成為帶來懷念等等特定情感的契機**。

因此，如果好好運用「契機」，就能讓憤怒的人改變心情或心理狀態。

這是有點久以前的事了。一位強盜進入便利商店搶劫，持刀威脅店員時，店員問強盜「有沒有小孩？」沒想到便以這句話，成功說服強盜將刀放下，最後，強盜被警察帶走。我並沒有親眼看到實際經過，因此也不知道自己的推論是否正確，但「有沒有小孩」這句話，或許成為了引發強盜內心溫柔之情和善良的一個契機。

因為上班時碰到很多問題而感到煩躁時，回家後一看到小孩的笑容或著寵物，煩躁和疲憊感就瞬間飛走了。應該不少人都有過這種感覺吧？

人會因為對方的一句話就點燃怒火；同樣也會因為一點舉動或契機就變得溫柔。即使是強盜（或著激烈客訴的人）也是人，自然也懷有溫柔且善良的心。

重點是要找出能讓顧客恢復理智、轉變冷靜和溫柔的契機，這個契機可能是某個東西、某句話。例如，小孩的照片或聲音、小動物的照片、音樂盒的音樂，或是海浪聲、水聲等大自然的聲音，都能夠輕易地引發人的溫柔。

雖然不是說這麼做就一定能平息對方的憤怒，但藉由五感獲得的訊息，會成為引起特定情感的條件，試著利用這個機制應對客訴，或許會有所幫助喔！

順帶一提，以五感接受到的刺激作為契機，引出特定情感或反應的過程，在心理學界被稱為**建立心錨**。

平息對方憤怒的方法
讓對方變溫柔的契機
冷靜下來

第4章

讓你發揮出領導能力的心理術

21

自我主張——解決想說卻說不出口的問題

大家平時都能把自己想說的話傳達給對方嗎？

應該有不少人說不出來，總是往心裡吞；或是把想說的話不斷憋著，某一天突然爆發、甚至憋出病來。不想讓對方生氣、不想興風作浪、不想被討厭……一想到這些，就說不出口吧！

但是，一直憋著，對你來說真的好嗎？一直憋著、一直憋著，直到某一天突然爆發出來，對雙方真的好嗎？

不可能好的。

那就從今天開始，試著練習把自己想說的話傳達給對方吧！

不過，並不是要大家毫無顧忌地說話，畢竟一旦失言，可能會引起對方不快，甚至讓人際關係惡化。

那怎麼辦呢？我想教大家一個名為**自我主張**的溝通技巧，它正可以用來應付這種時候。

舉例來說，如果你在很久以前就請下屬或同事幫你做某件事，但他們至今仍未處理，大家會怎麼向他們反映這個問題呢？

①為了不破壞對方的心情，什麼都不說地一直忍耐，最後由自己來完成。

②有些生氣地說：「是要等到什麼時候才要做？」、「快點做啊！」

③尊重對方，傳達想說的話：「最近還好嗎？之前拜託你的那件事，我知道你很

忙，還麻煩你幫忙，一定很累吧！但是，如果能盡快幫我處理就好了～不好意思，讓你那麼辛苦。」

如何呢？你常用哪種說法呢？

又覺得哪種說法最好呢？

像①一樣說不出想說的話，一直忍耐的類型，被稱為**沒有自我主張的**。這種類型的人，雖然尊重他人，但在內心深處隱藏著不尊重自己的心理。

像②一樣以帶有攻擊性的方式，傳達個人意見的類型，被稱為**具侵犯性的**。這種類型的人，雖然會尊重自己的意見或想法，但卻常常忽視他人感受。

像③一樣不去責怪或攻擊他人，好好表達自己意見的類型，被稱為**自我主張的**。

自我主張就是，像③一樣**不僅尊重自己也尊重他人，可以爽快表達自己意見的方**

法。最重要的是，你有多尊重他人，就必須多尊重自己。

那些無法直接表達意見的人，在內心深處往往隱藏著對他人的恐懼。不過，只要運用自我主張的方法，掌握既能尊重自己、又能尊重對方的表達方式，就能以避免引起對方不悅的方式，傳達出自己的想法喔！

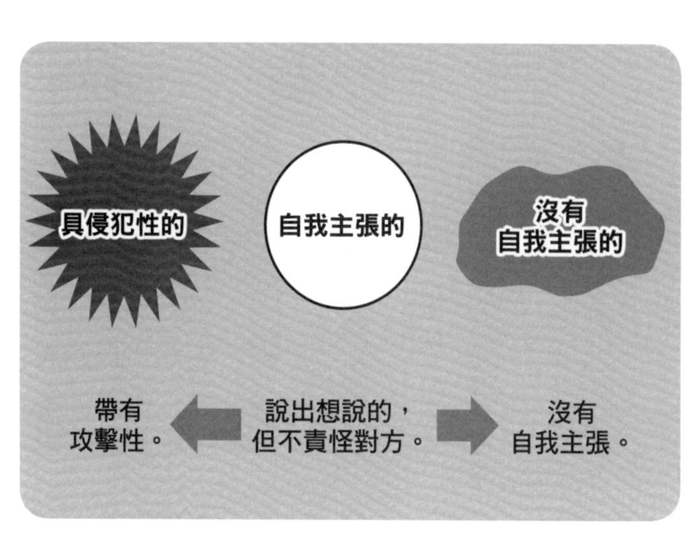

22 在提醒、指正前，先形成信任關係

在職場上，大家有沒有遇過令你感到困擾的下屬呢？

幾乎任何職場，都難免有個令人困擾的角色。對此，不少人都會選擇默默忍受，睜一隻眼閉一隻眼吧！

如果沒有引起什麼重大問題，或許還能接受；但如果因為那個人的錯誤導致實際危害，如某人辭職、健康受損、工作延遲等，那就必須認真應對了。

這種時候，大家會怎麼做呢？

一般來說，大家都會把問題員工叫來面前給予提醒吧！雖然這是理所當然的作

法，但有一個比較令人擔心的問題：提醒時的說法，有可能引起對方的反抗心理，甚至若對方感到憤怒，將情緒發洩到其他方面，導致態度更加惡化。

那要怎麼做才能阻止這個問題發生呢？

你們之間必須要建立**信任關係**。

舉例來說，如果你走在路上時，突然有人對你說：「你的走路姿勢很奇怪，改一下比較好喔！」大家會怎麼想呢？

你或許會想「這個人是怎樣！」並感到反抗，完全沒有修正的意願。

就像這樣，我們在受到他人的指正時，如果對方是不認識、沒有關係的人，意即還沒形成信任關係的人，即使對方的言論是正確的，我們也會傾向反抗和拒絕。

另一方面，如果是自己信任的醫生對你說：「為了健康，修正一下走路姿勢比較好喔！」如何呢？

我想，大多數人都會想要修正吧！

就像這樣，**我們會坦率地接受來自於信賴的人、抱有好感的人的指正**。

在指正、督促令人困擾的員工或下屬的錯誤行為時，如果是平時毫無交集的上司給予提醒，往往效果不佳。其中一個原因，就是尚未建立信任關係。

信任關係這個詞彙，在原文中有「搭橋」的意思。這意味著人心相連在一起，就如同橋樑相接的狀態。

那麼，要怎麼在自己和對方的心之間搭建橋樑呢？**其實，只要平時多與對方交流，並且專心聽對方說話就好了。這兩件事是建立信任關係的基礎**。不過需要注意，只做一件的話是不夠的，必須兩者兼顧才能產生效果。

如果有需要提醒的對象，試著從平時就先多多交談、互動，建立信任關係吧！如此一來，對方會更容易接納你的建議，並產生想要改善的意願。

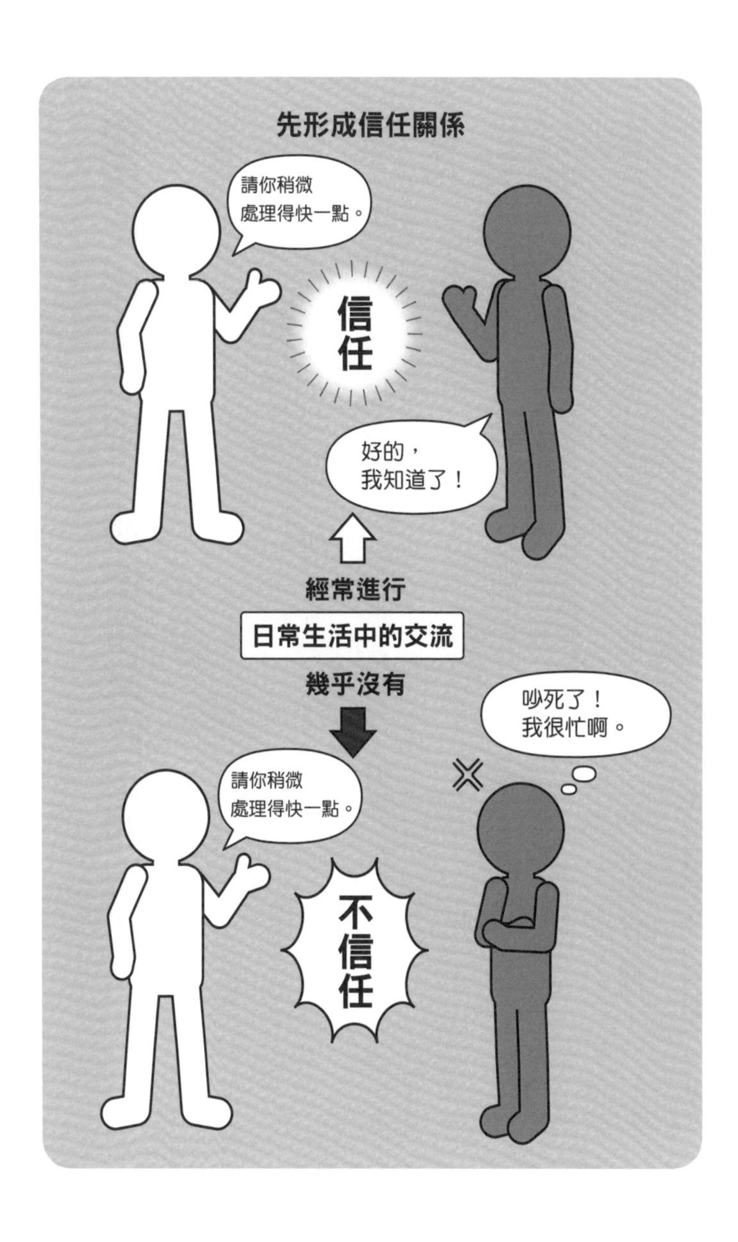
先形成信任關係
請你稍微
處理得快一點。
信任
好的，
我知道了！
經常進行
日常生活中的交流
幾乎沒有
吵死了！
我很忙啊。
※
請你稍微
處理得快一點。
不信任

23

使用2比1法則，傳達希望修正的地方

當大家希望身邊的家人、同事、朋友或戀人改進某些方面時，會怎麼做呢？

如果能深愛對方到接納他們的缺點，當然是最好。但是，我們實際上很難避免那些缺點。

如果能好好向對方傳達希望他們改進的部分，這也是大家所樂見的吧！

2比1法則正可以讓大家輕鬆應付這種時候。

雖然說是「法則」，但這並不是正式的心理學用語。不過，先別管這個了。

2比1的意思是，當你希望對方改進某些地方時，**先稱讚對方「兩個」優點之**

後，再向對方傳達「一個」你希望改進的部分。

舉例來說，當你希望下屬可以改進說話的用字遣詞時，可以說：「○○，你最近很努力耶！銷售成績好像也不錯。如果說話的用詞能再改善一下就更好了。」

如何呢？

假設自己突然被上司叫過去訓話，上司對你說：

「○○，請注意一下說話的用詞！」

「你說話的用詞有些問題，希望你可以改一下！」

如果聽到對方（上司）這樣說，你可能會產生反抗心理，並難以坦率地修正自己的行為吧！

當我們的缺點被他人直接指出時，往往會關上心房，不願意聽取對方的建議。因此，為了能讓對方接受，首先應該要說一些不會讓人感到刺耳的話。

但若只是隨便稱讚而內心並不真誠，對方會感到懷疑，這樣我們的建議也難以完全傳達。

因此，重要的是不要只關注表面，而是找出真心欣賞、值得稱讚的部分，並傳達給對方知道。

此外，**有些人在被指正需要改進的地方或缺點時，可能會感覺自己被全盤否定，甚至會懷疑自己是否被對方討厭，導致情緒嚴重低落**。

一面稱讚對方的優點，一面提出需要改進的建議，也能夠避免造成這種負面影響。

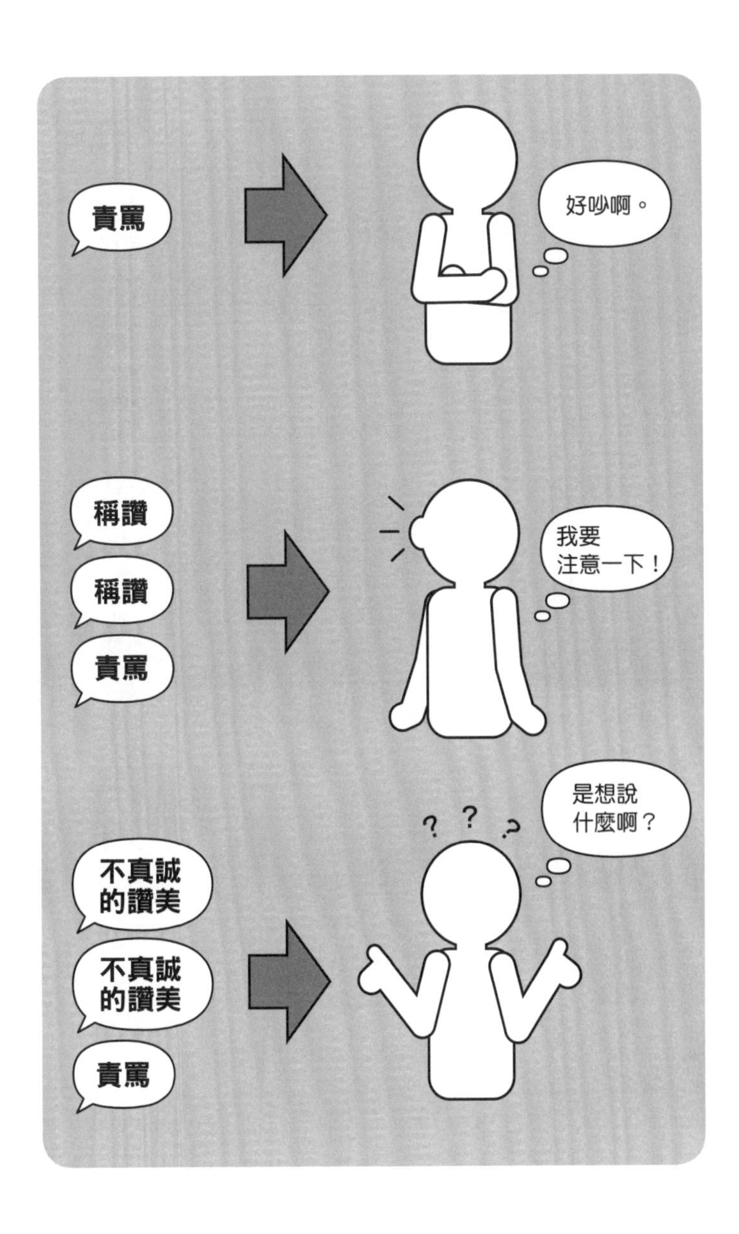
責罵
好吵啊。
稱讚
稱讚
責罵
我要
注意一下！
不真誠
的讚美
不真誠
的讚美
責罵
是想說
什麼啊？
?
?
?

24

即使薪水很低，也能激發對方幹勁的心理技巧

「我們公司的薪水很低……」

「只有這點薪水，提不起勁啊。」

「真想跳槽到薪水好一點的公司。」

在職場常常會聽到這些抱怨吧？

有人會因為薪水很低而缺乏動力，並考慮跳槽。

不過，平時我在進行心理諮商時，也遇到不少雖然薪水不錯，卻想要辭職的人。

或許有人會覺得「不可能薪水優渥，還想要辭職吧」。事實上，我問過他們的理

由，不少人都表示在職場上無法獲得認同感，這是他們感到不滿的主要原因。

請試著想像一下，若有一個職場，雖然薪水很高，但每天的工作內容都受到批評，就算表現得很好，也被認為是理所當然的，且完全得不到稱讚；還有一個職場，儘管薪水較低，但上司經常稱讚你的工作內容，並對你寄予厚望，常常說：「多虧有你，計畫才能成功」、「公司有你在，氣氛就很好」。大家覺得哪一個職場比較好呢？請你想想看，如果每天都面對這種情況，會是什麼感覺呢？

雖說我們工作的確是為了薪水。但是，我們會同樣程度地、甚至更渴望被人認同、稱讚，希望能讓人高興和得到感謝。也就是說，我們追求的不只是薪水，還有工作的價值。

當你每天都努力為家人做飯，但沒有任何人說「好吃」或「謝謝」，好像這些努力是理所當然的一樣，你可能就會逐漸失去動力。事實上，聽到對方的讚美或看到對方滿意的笑容，才能激勵你提起幹勁，繼續努力。試想一下這個例子，或許能更容易理解。

當然，如果能為下屬或員工的付出，提供相應的高薪或報酬，是最理想的。然而，如果無法做到這一點，**就試著認同和稱讚下屬的努力，並向他們表達感謝吧！**

工作的價值，往往在得到上司或同事的認同和讚美時才能真正體現。

順帶一提，有研究指出，當我們獲得金錢時大腦活化的區域，在我們獲得稱讚時也會受到刺激。

對我們的大腦來說，被人稱讚正是一種「報酬」，這種報酬的價值等於、甚至高於獲得高薪。

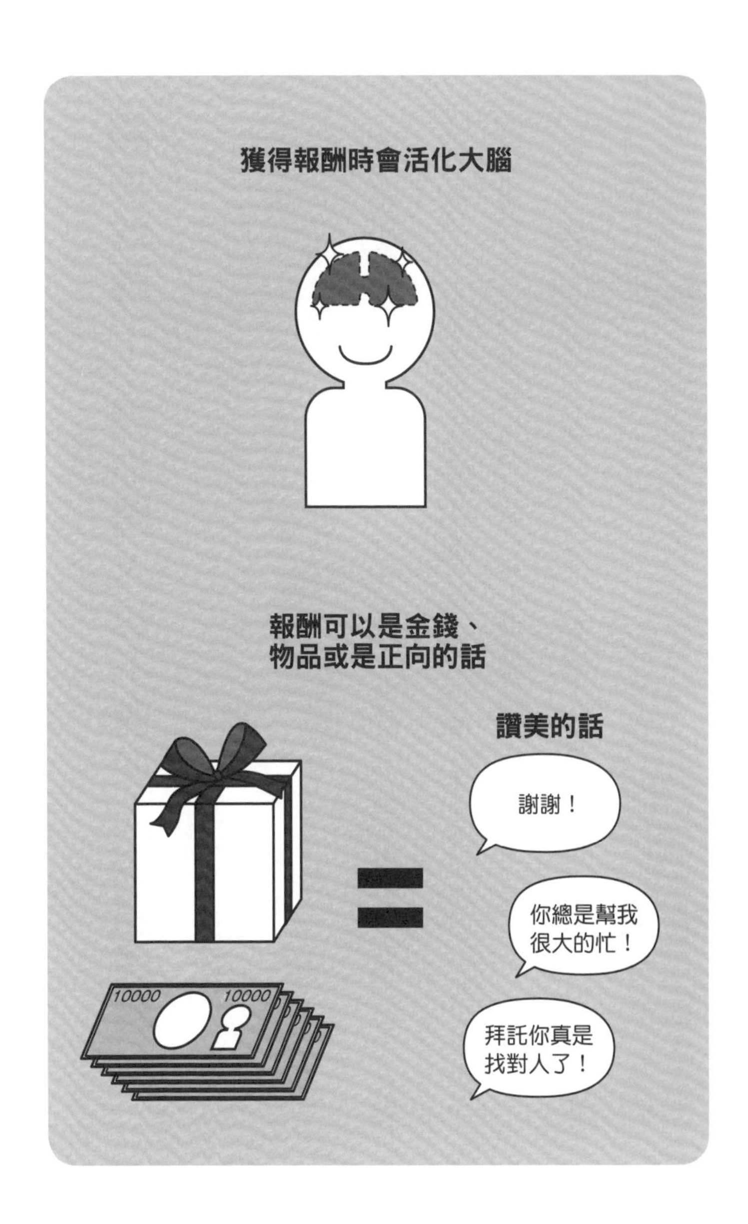
獲得報酬時會活化大腦
報酬可以是金錢、
物品或是正向的話
讚美的話
謝謝！
你總是幫我
很大的忙！
拜託你真是
找對人了！
10000
10000

25

觸摸效應——讓你罵人也不會使人際關係惡化

大家在必須要責罵下屬或小孩的情況下，會怎麼做呢？

如果能不依靠責罵就解決當然最好，不過，在無論如何都要責罵的情況下，其實只要做「某件事」，就能讓你和對方之間不會產生裂痕，保持良好關係。

平常研習時，我都會做一個實驗（只不過是實驗，敬請見諒）。

這個實驗是，讓參加者進行角色扮演，分成上司組和下屬組。上司組將以很激烈的言詞責罵下屬組，例如：「你這個○○！給我重新想一下○○○！」接著，分成兩種不同情境，來觀察下屬組的人。

①第一種情境：上司組的人會在距離下屬組的人稍微遠一點的地方責罵。

②第二種情境：上司組的人會靠近下屬組的人，並在說完台詞之後，輕輕觸碰對方的肩膀。

結束之後，我會詢問下屬組的人，在這兩種情境下分別有什麼感受。第一種情境中，多數人會表示，他們感到有種「被對方推開的感覺」；而第二種情境中，多數人則會覺得對方是「因為擔心自己，所以才責罵」。

心理學中，稱此現象為肢體接觸或是**觸摸效應**。

雖然是同樣的人以同樣的言語責罵，但**會因為責罵時是站在遠處，還是接近對方並進行肢體接觸，而帶給受責罵者不同的感受**。

在職場的人際關係中，上司和下屬之間的信任關係相當重要；親子之間的信任關係當然也是同樣重要。如果碰到必須要責罵下屬或小孩的情況，請回想這個實驗，**試**

著在責罵時觸碰對方的身體，或是在責罵後輕碰對方的肩膀吧！

當然，如果對方是異性，有可能會被當成性騷擾，不適合隨便觸摸。不過，如果能衡量當下的情況、時間或場合，在正確的時機使用，對方的感受和對你的印象將會產生很大的變化。

順帶一提，雖然本文把「辱罵」和「責罵」混著使用，但它們其實不太一樣。不同的點在於，辱罵是因為自己不喜歡，而帶有情緒地向對方說；責罵則是為了對方好，而一定要傳達的。

身為上司、父母或老師，最重要的是，不能只因為對方讓自己心情不好，就意氣用事地辱罵，必須要確實控管好自己的情緒（憤怒管理）。

觸摸效應
輕碰對方
距離對方很遠

26 即使指正錯誤，也不會使對方失去動力的溝通術

只不過是稍微提醒下屬、指出錯誤，對方就變得非常沮喪，甚至提出辭呈……大家有過這樣的經驗嗎？

即使沒有到這種地步，最近的年輕人，比起以前大多不習慣被人提醒或批評，不少人只要稍微被指正錯誤，就會失去動力。因此，是不是有很多人正煩惱著如何提醒對方呢？

這種時候，如果大家能先瞭解**肯定表現**和**否定表現**，會很有幫助。

舉例來說，請你比較看看下面兩種說法：

①「你的企畫書沒有原創性啊。」

②「你的企畫書多增加一點原創性會變得更好喔！」

如何呢？

這兩種表現都傳達了希望對方改善企畫書缺少原創性的問題。但是，①的說法會讓人感覺到強烈的批判和否定感；②的說法則會讓人總覺得好像在稱讚一樣。

事實上，①被稱為否定表現，它是一種使用「沒有」、「不行」等否定詞彙的表達方式。例如這種情況下，就會說「沒有原創性」。

另一方面，②被稱為肯定表現，它不會使用「沒有」等否定詞彙，而是用肯定的語句來換一種說法。例如，在這種情況下，雖然企畫書沒有原創性，但不會直接那麼說，而是用「增加原創性會變得更好」來換個方式表達。

這麼做的話，即使是傳達相同的內容，**只要改變說法，感覺上也會有很大的不**

同。不僅如此，這種改變甚至會對下屬的動力和熱情造成影響。

因此，當你必須要提醒、指正錯誤時，盡量不要使用否定詞彙，試著用肯定詞彙來傳達看看吧！

另外，一些具有強烈否定感的詞彙，如：說不出想說的話、工作速度很慢、說話刻薄、奇怪、容易沮喪、隨便、頑固等，也可以試著以帶有肯定含義的方式來表達。

除了用於指正錯誤外，也讓我們在日常生活中，盡量有意識地使用肯定言語，朝著「會說話」的目標前進吧！

否定含義	→ 肯定含義
說不出想說的話	含蓄
工作速度很慢	工作仔細
說話刻薄	能坦率表達
奇怪	有個性
容易沮喪	性格細膩
隨便	不拘泥
頑固	有主見
小氣	珍惜金錢
易怒	情感豐富
不會察言觀色	我行我素
無趣	認真
不善言詞	不會說謊
糾纏不休	頑強
冷淡	酷

27 能夠激發下屬能力的標籤效應和比馬龍效應

當上司對你說：「你沒有能力」、「你不適合這個工作」。

或許有人會對此感到不滿而奮發向上，但大多數人還是會感到震驚，並因此失去工作的動力吧！

而一旦失去動力，就會變得沒辦法在工作上全力以赴。最後，可能會被評價為「那傢伙果然沒有能力」或「真的不適合這個工作」。這種根據特定事物給他人貼上標籤，並說「你是這樣的人」的行為，在心理學中稱為**標籤效應**。

從上述例子可以知道，**當人們被有影響力的人貼上標籤時，會有根據標籤的內容**

來行動的傾向。

另外，有一個與此類似的現象，叫做**比馬龍效應**。

這是由一位美國心理學者所研究、發表的理論。他先在一所小學裡實施智力測驗，並無視實際測驗結果，隨機挑選幾位小學生，告訴導師這些學生的成績會有所提升。一年後，他再次造訪該校，發現那些被告知成績會提升的小孩，比起其他小孩，成績有了更加顯著的成長。

雖然這項研究被指出一些問題，但它顯示了，教師對被認定成績會提升者的期待，影響了教學方式和對待他們的態度，也在實際上提高了他們的成績。

也就是說，教師、家長或上司，在面對小孩或下屬時所抱持的想法，確實會影響對方的能力。

我們如果受到周遭的人期待，通常會激勵自己努力；但如果感覺自己不被期待或

指望，就怎麼樣也提不起勁。

常常有人在一開始就認為，對方感覺有能力，但可能不太適合這分工作。然而，從上述比馬龍效應帶來的效果可以知道，無論初始階段評估如何，最終結果也會隨著教師或上司的對待方式而有所改變。

在職業棒球的世界中也常會發現，透過賽事第一入隊的選手，卻完全沒有展現出亮眼表現；反而是入隊時默默無名的選手，在幾年後大放異彩。

即使感覺下屬目前的工作表現不太理想，也試著對將來懷抱期待，向下屬說「感覺你將來會成長」，在他身上貼個標籤吧！

人的能力不會只決定於先天的要素，教師、家長或上司的期待也能促使能力有所成長。

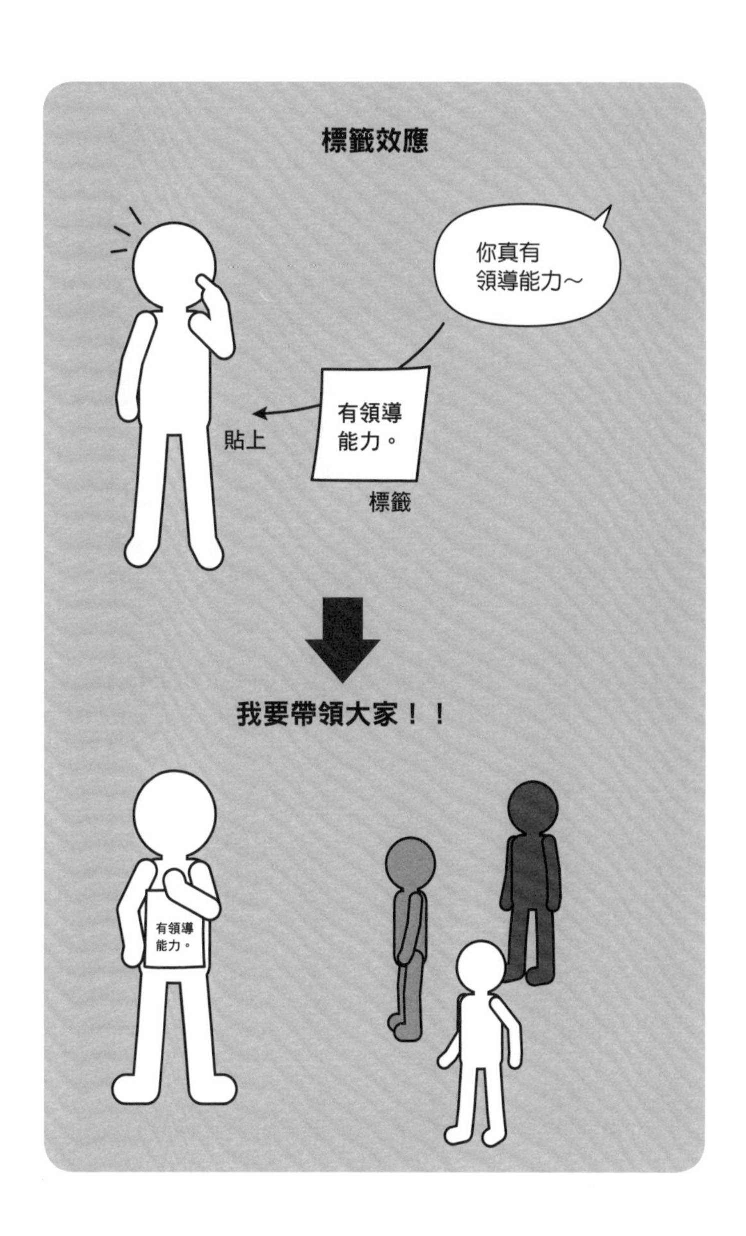
標籤效應
你真有
領導能力～
有領導
能力。
貼上
標籤
我要帶領大家！！
有領導
能力。

28 讓大家在會議上踴躍發言的方法

當主管或上司在會議上詢問「有人有什麼意見嗎？」時，大家會怎麼做呢？會積極地舉手發言嗎？

除了那些非常有主見或自信的人以外，恐怕大多數的人就算有什麼意見，也不會當場說出來，或是說不出來吧！

不過，有些人可能會在會議結束後，和感情不錯的同事在居酒屋聊天時，被問「你覺得那個意見怎麼樣？」才在抱怨說：「我其實有更好的點子！」

就像這樣，我們還是會對事物擁有自己的意見和想法。

即使是平時不會在會議上發言的人，他們腦中也會意外地有能讓公司變得更好的點子。不過，當在會議上、人數眾多時、或著在團體當中，許多人都會選擇保持沉默，不願發表意見。

這是為什麼呢？**因為在團體會議中，由於心理因素的影響，我們會對在眾人面前發言感到羞怯，並且害怕在不認識的人面前發言。我們可能會擔心被人批評、害怕因為反對上司的意見而遭遇指責，或是擔心自己的發言會拖延會議的時間。**

也就是說，在參加人數較多的會議中，不論我們如何問「有人有什麼意見嗎？」，也可能沒有任何人提出好點子。

為了在會議中孕育出好點子，領導者不僅需要主持會議，更應擔任引導者的角色，在安排、推動會議時，把人在團體中的心理狀態納入考量。

具體來說，可以試試以下幾點：

- 控管會議的人數。
- 不讓太多不認識的人一起參與會議。
- 領導者不要從一開始就支持特定意見。
- 營造歡迎任何發言的氛圍，不要否定他人提出的意見。

人們往往只有在親近的同伴或是知心好友面前，才會自在地表達個人想法和意見。因此，營造出能夠輕鬆自由發言的氛圍，是讓一場會議有所成果的重點。

人數多並不一定能帶來好點子，當會議的人數多到形成一個團體時，反而可能會導致意見變得稀少。

順帶一提，引導學是一種在會議中促使共識形成的技術。具體來說，它的意義在於使決策、達成共識和解決問題的過程更加順利且流暢地進行。

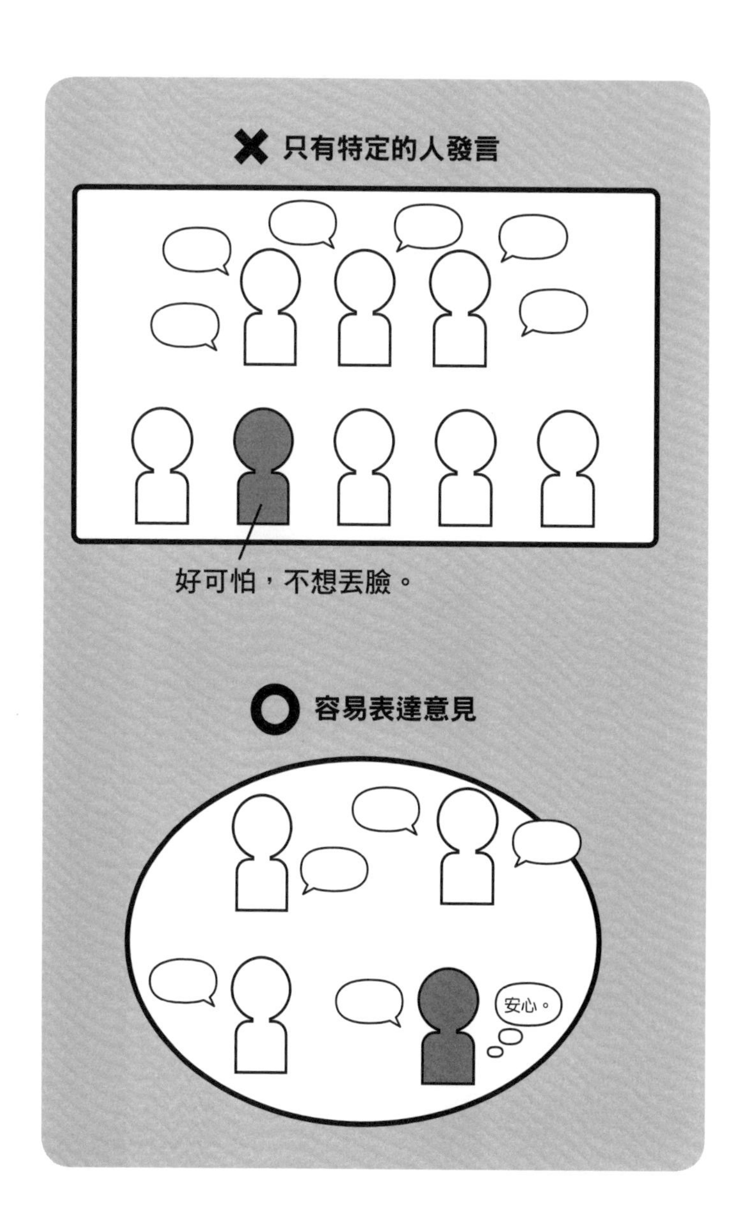
✖ 只有特定的人發言
好可怕，不想丟臉。
○ 容易表達意見
安心。

第5章

從緊張不安中解放的心理術

29

透過上台前有效地自我暗示來改善緊張症狀

好想改變自己、好想變得不會在上台時怯場……

你有這樣的煩惱嗎？**自我暗示**會是一個能有效改善這些症狀的手段。

不過，應該很多人聽到自我暗示，就會覺得不可靠，並質疑它的效果吧！

「暗示」確實會給人一種可疑的印象，但如果讓我們換個說法：「持續性的言語」。

聽起來如何呢？是不是感覺有點不一樣了？

在一項研究當中，研究人員針對普通青少年與誤入歧途的青少年，分別經常被父母說什麼話進行調查。結果顯示，與普通青少年相比，誤入歧途的青少年更常被父母使用「不行」、「你這種東西」、「真笨啊」等等否定性的詞彙來進行對話。

請想像一下，如果小時候每天都被自己的父母不停地說「笨蛋」、「不行」、「你這種東西」，會有什麼感受呢？變得想要做一些負面行為也是可以理解的吧！

這正是言語暗示（在這種情況是屬於來自**他人負面暗示**）的力量，**我們會很容易受到源於自己或他人的持續性言語影響**。

既然大家都理解言語暗示的力量了，那就讓我們立即開始嘗試吧！

一般來說，自我暗示的基本方法是在放鬆的狀態下，反覆告訴自己「自己做得到、做得到」。不過，這終究只是基本方法。雖然它不是不好，但在某些情況下，僅僅使用這種方法所能帶來的效果可能有限。

在什麼情況下效果會變弱呢？其實就是頭腦和內心不一致的時候。

常常會聽到一句話：「明明大腦知道一定要上班，但就是怎麼也沒有心情去。」

其實，我們的行動，比起道理（言語），更容易受到情感（心情）的支配。

即使我們一再重複告訴自己「絕對會成功！絕對會成功！」、「會變瘦！會變瘦！」等，但如果同時心中還充滿「失敗的話怎麼辦……」、「反正做不到吧」等不安的情緒，那我們就會有很高的可能性被情感（無意識）拉走。

有效進行自我暗示的關鍵是，在重複說著「自己做得到、做得到」的同時，必須去感受成功和順利時的情感或心情。

自我暗示不一定要說出來，寫在紙上也會有效果。但最重要的，還是要在心中同時感受成功和順利時的情感和心情。

好厲害。
原來如此。
我的簡報發表
會成功，
我會成功！
想像成功，感受開心的心情。

30 緊張是理所當然的！

在重要的場合過度緊張，導致腦袋一片空白，完全不知道自己在說什麼、在做什麼，最後以失敗收場。大家有過這種經驗或煩惱嗎？

一定也有不少人，儘管沒有到這種地步，但只要一上台，就會因為怯場和緊張，而發生一些失誤、聲音變得顫抖，無法充分發揮原本的實力。

其實，我以前也經常怯場，臉紅、聲音顫抖、雙手沾滿手汗，樣樣都會發生，症狀相當嚴重。

即使是這樣，現在我也勉強能夠在最多數百人面前進行演講和研習課程。而造成這樣的轉變，最大的契機就是因為我學會了接受怯場。

一位有名的職業運動選手曾表示，在比賽中會因緊張而頻繁反胃；一位資深歌手曾說，他每次上台前一定都會拉肚子，唱完歌後會全身僵硬，因此一定需要按摩。

大家看起來都泰然自若地站在眾人面前，但其實內心非常緊張。

也就是說，**克服怯場和緊張的初步對策，就是不需要勉強自己完全不緊張。**

緊張也沒關係，緊張是理所當然的。

特別是在和人初次見面時，比起故作鎮定，稍微緊張一下更能帶給對方好印象。

此外，當人們感到緊張或壓力時，神經系統和感覺會比平常更加敏銳，因此能發揮出比平時更高的能力。

理所當然地，我們在受到壓力時會感到怯場和緊張。而這種壓力，往往源自於我們強迫自己不去做某件事，對自己的情感或行為施加過多的限制。

也就是說，如果我們在內心逼迫自己「不能怯場」、「不能緊張」，就會因此產生壓力，反而使我們變得愈來愈緊張。

如果感到怯場和緊張，不必覺得是壞事，把它當作很自然的現象來接受吧！請拋棄「不能緊張」的想法吧！不用勉強自己跟緊張戰鬥，也不用隱藏緊張情緒，直接說出「我很緊張」、「我的手在發抖」等，反而能幫助自己放鬆。

甚至當你緊張到手腳在發抖時，與其試圖強行停止，倒不如有意識地讓手腳動起來。充分地活動手腳，可以幫助緊張和壓力的能量發散，使發抖得到舒緩。

不接受緊張
緊張
更加怯場
接受緊張
緊張
怯場是自然的事

31 能有效控制緊張和煩躁的自主訓練法是什麼？

前面提到，若想改善緊張和怯場，關鍵是不要硬是消除感覺，而是接受它。

看開它確實很重要，但也會有人為了克服緊張和怯場，而想再做些什麼吧！

這種時候，我向大家推薦**自主訓練法**。雖然聽起來有些困難，但請大家放心。

這個紓解壓力的方法，是由德國精神醫學者約翰內斯・海因里希・舒爾茨創立。先把難懂的理論放到一旁，讓我簡單說明一下使用方法。

如果在報告或發表簡報時，有讓你感到緊張的機會，請你稍微感受一下自己的身體出現了什麼變化。

人在怯場時的身體狀態：

・肩膀上提
・墊起腳尖
・頭腦充血（臉紅）
・手腳冰冷
・重心上移

人在冷靜時的身體狀態：

・肩膀下垂
・腳確實地踩在地板上
・重心放低
・手腳溫暖

自主訓練法是，**透過有意識地重複動作，模仿人冷靜且放鬆的樣子（重心放低、手腳溫暖等狀態），來安定身心的方法**。若想瞭解較為專業的東西，希望大家可以前往專業機構接受指導，在這裡我只介紹入門的方法（即使是入門，也有效果）。

①首先，坐在椅子上，伸展背肌，讓身體感覺緊繃。然後，瞬間放鬆肌肉，在全身放鬆的狀態下，閉上眼睛。

②在心裡面慢慢複誦著「現在情緒非常平靜」。

③接著在心裡面慢慢複誦著「右手很重、左手很重、右腳很重、左腳很重」，並同時緩慢地將手腳力量逐一釋放（放鬆時，實際上會感到手腳變得很重）。

④持續在心裡慢慢複誦「右手很溫暖、左手很溫暖、右腳很溫暖、左腳很溫暖」，並放鬆手腳。（肌肉放鬆會增進血液循環，因此感到溫暖）。

實際上，自主訓練法在這之後還包括許多步驟，但只要在進行的同時讓自己保持深且緩慢的呼吸，只做這些也能對怯場和緊張產生良好的效果。

另外，建議大家在完成後可以進行恢復運動。例如一面大幅伸展背部，一面深呼吸和伸縮膝蓋。

每次一分鐘，建議一天做三次。但請大家不要勉強自己，務必根據自身的狀態來進行練習喔！

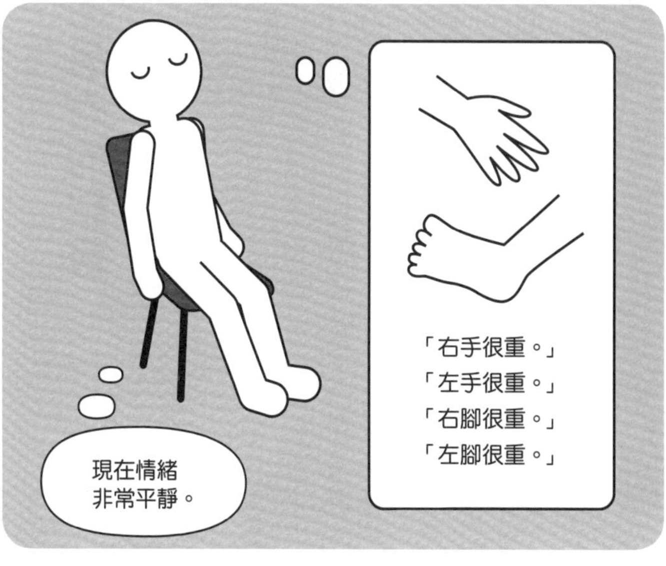

「右手很重。」
「左手很重。」
「右腳很重。」
「左腳很重。」

現在情緒
非常平靜。

32 讓你從負面思考轉向正面思考的訣竅

大家是否對自己的負面思考感到煩惱或困擾呢？

我曾經也在負面思考上耗費了大量的精力。為了改善負面思考，希望大家能瞭解一件事：我們的思考是由「記憶」來塑造的。

舉例來說，大家可以想像一下這個實驗：

①讓A組閱讀10位專家撰寫關於「日本的景氣會變好」的專欄。

②讓B組閱讀10位專家撰寫關於「日本的景氣會變壞」的專欄。

在他們讀完10篇專欄後，分別問各組的人：「你覺得日本未來的景氣怎麼樣？」

這時候，除非對政治經濟有深入瞭解、或堅守已見的人，不然A組的成員幾乎都會回答「日本的景氣會變好」；B組的人幾乎都會回答「日本的景氣會變壞」。

就像這樣，我們的思考是由自己所擁有的知識和資訊，也就是記憶所塑造的。

請你把記憶想像成一個杯子。如果記憶的杯子裡裝滿了企畫成功的案例、雖然被認為很難但最終成功開發的商品等正面的知識和資訊，那溢出來的就會是正面想法；但是，如果杯子裡裝滿的是企畫失敗、商品開發失敗的案例等負面的知識和資訊，那溢出來的就會是負面的想法。

因此，培養正面思考的關鍵，就在於平時積極吸取正面知識和資訊，在記憶的杯子裡裝滿正面內容。

另外，想要讓自己養成正面思考的習慣，還有一個重要的關鍵。

小時候，應該很多人複習考試時，會將重點用紅筆畫線、抄在筆記本上、反覆念誦以便記住吧！

藉由反覆進行這些動作，當考試遇到相關題目時，就能夠迅速地回答出來。

同樣地，在遇到事情時，腦中是否能迅速產生正面思考，關鍵就在於正面思考是否已經穩固地扎根在我們的記憶中了。

為了讓正面的想法扎根在我們的記憶中，不妨在平時多閱讀成功商務人士所寫的書吧！這些書通常包含了大量正面的觀點和經驗。

在閱讀時，可以試著把你覺得「這裡很重要」、「原來是這樣」、「原來這樣想就好了」的地方畫上紅線、抄在筆記上、反覆誦讀。

透過反覆進行這些動作，當正面的想法在記憶中穩固地扎根後，我們就能夠自然而然地正面思考了。

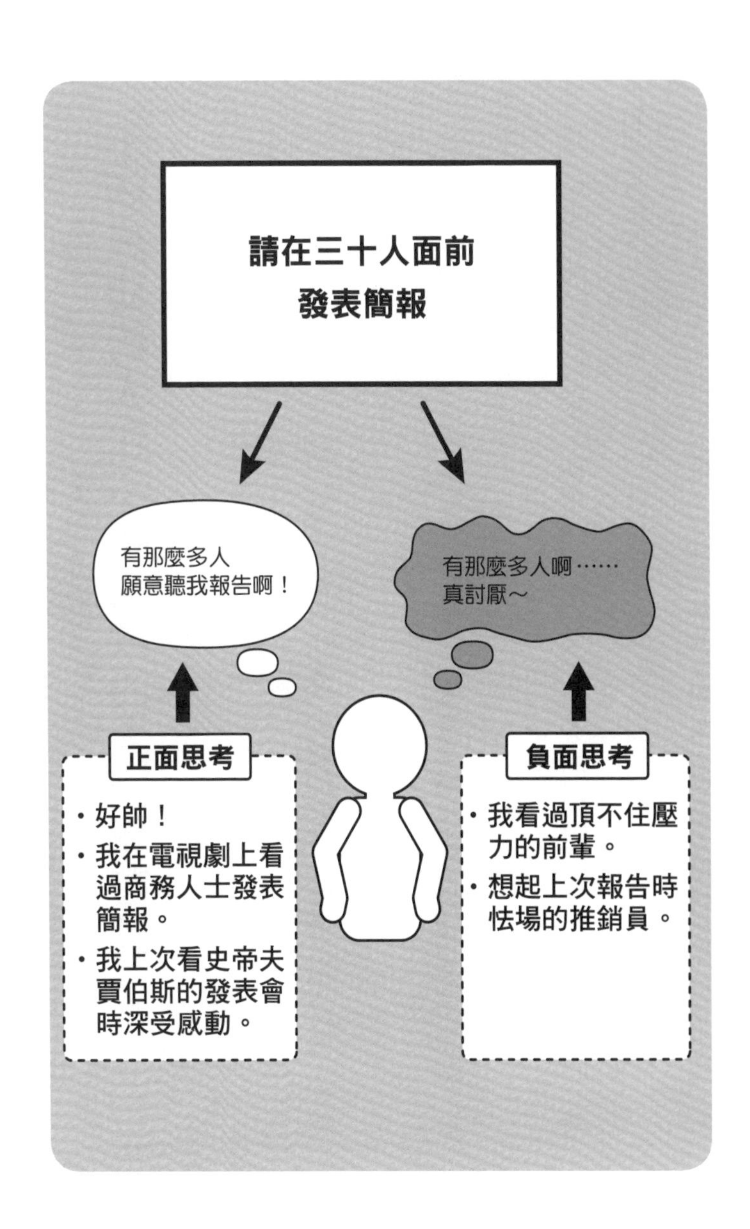
請在三十人面前
發表簡報
有那麼多人
願意聽我報告啊！
有那麼多人啊……
真討厭～
正面思考
・好帥！
・我在電視劇上看過商務人士發表簡報。
・我上次看史帝夫賈伯斯的發表會時深受感動。
負面思考
・我看過頂不住壓力的前輩。
・想起上次報告時怯場的推銷員。

33 不斷成功的人和不斷失敗的人差異在於○○

大家有沒有發現，在自己的周遭，總有些人不管做什麼都會成功；相反地，也總有些人不管做什麼都會失敗。

那是很久以前的事了。我有一個男性朋友，長得又帥又高，個性也溫柔體貼，但不知道為什麼總是不斷失戀。

初戀對象甩了他的時候，對他說：「跟你在一起真的很煩躁。」聽到這句話時，他感到非常受傷，每天都反覆地想著這件事，讓心裡很難受。

過了一陣子後，他很幸運地又交到了新的女朋友。但是，隨著交往時間愈長，他腦海又開始浮現那一天的場景。

「跟你在一起真的很煩躁。」如果又被這樣說，該怎麼辦才好？他想。

他覺得，為了避免讓對方感到煩躁，在任何事情上，自己都必須要清楚表達想法，也要迅速做出決定，卻也因此焦慮了起來。他愈是焦慮，愈是沒辦法思考其他事情。最後，他變得不知道應該說些什麼，也不知道該如何行動。

然後，他又被甩了。這次對方的理由仍是「跟你在一起真的很煩躁」。也就是說，他以同樣的模式，反覆經歷了失戀。

人在經歷過難受的事情後，就會像他一樣，毫無止盡地反覆想像、回想過去那些難受的經歷。

其實，這種反覆回想的行為，就如同我們在學習時所做的「複習」。

我們只要反覆地複習，那件事就會成為記憶，深深刻在我們大腦的神經迴路上，並牢牢地烙印在腦中，變成所謂的心理陰影。

然後，當我們再次遭遇相同狀況時，這個心理陰影就會使我們重蹈覆徹，再次做出相同的行為。經由重複動作所形成的腦迴路，會導致我們總是固定地以相同模式失敗（這被稱為**強迫性重複**）。

就像筷子握法一樣。即使本人想要修正習慣的握法，也並不容易說改就改。

要怎麼做，才能讓自己避免不斷重複失敗呢？重點在於，即使是反省失敗，也不要在腦中過度地反覆回想。

相反地，請試著在腦中大量回想那些做得好的、成功的事吧！如此一來，成功的模式就能烙印在大腦中，形成成功的迴路。

一旦建立了成功的迴路，當我們面對相同狀況時就會再次成功。除此之外，各種事情也會自然而然地變得順遂。

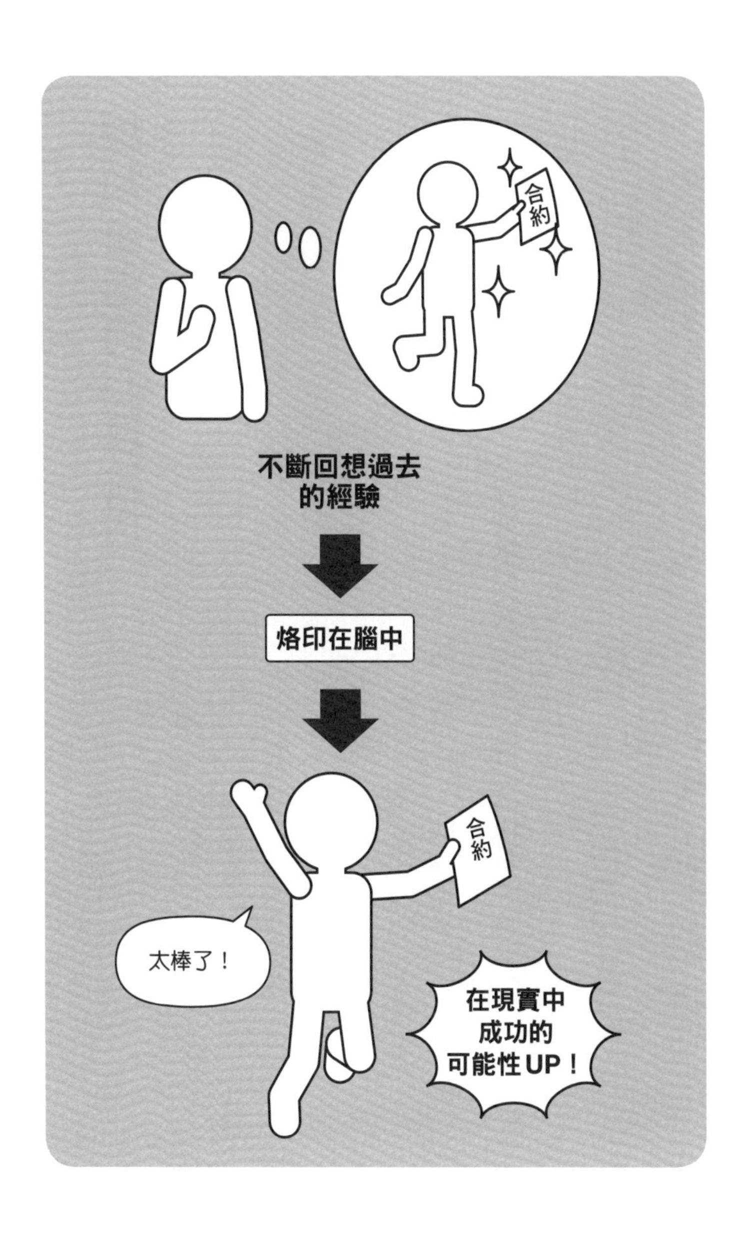
合約
不斷回想過去的經驗
烙印在腦中
合約
太棒了！
在現實中成功的可能性UP！

34

增加自信的心理技巧

如果有人對你說：「請在一分鐘以內，盡情地說說看自己的優點。」

大家能夠說出幾個呢？

這是我在平時的心理諮商和課堂上會進行的練習之一。那些煩惱自己沒有自信的人、或是身心狀況不好的人，大多都沒辦法輕易說出自己的優點。

儘管身旁的人都認為他有非常多優點，但本人還是會堅持地說：「如果是缺點的話我可以說很多，但優點……」完全說不出自己的優點。

就像這樣，煩惱自己沒有自信的人，大多都「看不到」自身的優點。不是沒有，而是看不到。

讓我們改變一下話題。大家知道自己的臉或手上有幾顆痣嗎？

在寫到這句話時，我也不知道，因此認真看了一下。有蠻多的。

就像這樣，不管是痣還是優點，如果我們不曾有意識地確實看過、找過，就可能看不到，也不會知道。不是沒有，而是看不到。

不論是誰，都一定有優點。那些認為自己只有缺點，並看不到優點的人，小時候可能經常被父母、兄弟姐妹或周遭的人責罵、指正缺點。

人會常常意識到自己的缺點，但幾乎不會意識到自己的優點。

如果想增加自信，就試著從今天開始有意識地找出自己的優點吧！

自己找不到的話，借助信任的朋友或心理諮商師的力量也是一個辦法。而需要注意的是，有些人擅長發現優點，也有些人擅長指出缺點。因此，在借助他人的力量時，務必要去尋求那些能夠找出優點的人幫忙。

這就如同販售商品，有想要販售的商品時，一定會先徹底使用看看，找出商品的優點。請試著徹底地瞭解自己，找出自己的優點吧！有人說，人生是一趟尋找自我的旅程，不管活到幾歲，我們都有可能發現新的自己。

如果能夠在自己身上找出各式各樣的優點，我們就能變得像在推銷商品時一樣，有自信地向人推薦自己。

任何人都有缺點和優點。但是有自信的人，只會讓自己的意識專注在優點上。

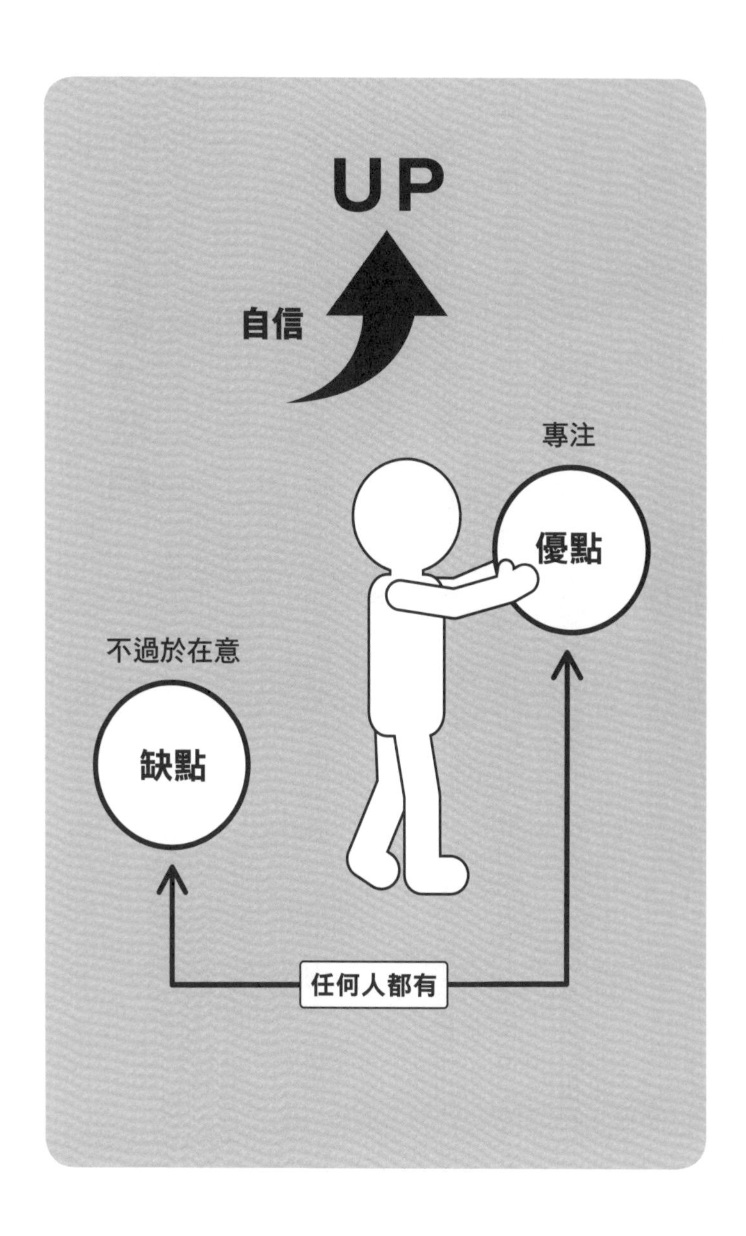
UP
自信
專注
優點
不過於在意
缺點
任何人都有

35 不安時容易被欺騙

大學四年級時，我和朋友一起去了某個東南亞國家畢業旅行。畢竟兩人都是第一次自己到海外旅行，在旅程中多少感到有些不安。

抱著難得來到國外的心情，我們去了當地有名的小吃街。街上的店家玲琅滿目，我們猶豫了很久，不知道該去哪一家店。那時我們很不安地四處張望，看起來一臉就是觀光客。不久後，一位親切的當地年輕男子靠近我們，用不太流利的日語向我們說：「我們的餐廳很好吃喔！」

猶豫不決的我們，頓時覺得對方很親切，便滿懷感激地跟著他走進店裡。看了看菜單，我們點了一道價格便宜的「辣炒螃蟹」和飲料。

上桌的螃蟹料理滿是蟹殼，幾乎沒有肉，但我們想說很便宜也就沒太在意。我們快速地吃完後，因為想再去看看其他店，就直接去櫃檯結帳了。

結果，兩人合計被收了約一萬日圓。

我們說這和菜單上的價格不一樣，那位男子說：「請看清楚！」並指了一下菜單：○○元（○○g）。

在菜單上標示價錢的地方，有寫著一個非常小的g。

如果按照分量（g）來計算，我們吃的螃蟹（殼）大小說是這個價格確實也……不過，我還是很不能理解，便用稍微生氣的口吻向對方理論。但是，朋友不喜歡爭執，所以阻止了我。我也就閉上嘴，照對方說的金額付錢，離開了那裡。

有一句話是「溺水的人，即使是稻草也會抓住」（譯注：日語諺語。意思近似病急亂投醫。）人如果腳下不穩、不知道該如何是好，在這種不安定的狀況下，連稻草也會想要抓住。

也就是說，**如果心中有所不安，就會像那時候的我們一樣，有很高的風險被騙**。

在商業活動中，我們和對方、客戶之間的信任關係是最重要的。胡亂地懷疑對方會讓信任關係產生裂縫，因此並不推薦大家這樣做。

不過，如果在自己什麼都不懂、感到不安時，對方還積極地靠近你，或許提防一下會比較好。

另外，**有業者會在販賣商品時表示：「現在不〇〇的話，之後會〇〇喔！」這正是藉由煽動不安情緒，來促使消費者購買的做法**。

聽到這種推銷話術時，請千萬要小心喔！

正常的精神狀態
NO!
不安的時候
不管是誰都可以，
只要有人幫忙就好。

第6章

提升熱情的心理術

36 促使工作成功、成長的心法

大家認為工作成功的人和工作失敗的人之間差別在於什麼呢？？「不是才能嗎？」、「運氣吧！」、「果然還是努力？」……

大家對這個問題有各式各樣的意見，而每個意見也確實都是重要的因素。不過，實際上除了這些以外還有一件重要的事：那就是失敗或持續遭遇不順時的「心法」和「想法」。

大家在工作上失敗時、持續遭遇不順時，會怎麼想呢？

會不會覺得：「自己沒有能力」、「我沒有才能」、「我不適合這分工作吧」。還是會思考：「是因為哪裡不行，才造成自己至今一直失敗呢？」

當我們面臨不斷失敗時，確實會很容易覺得「自己沒有能力」、「我沒有才能」等。

但是，多項研究指出，工作成功、穩定成長的人，大多有著以下這種傾向：**他們在失敗時，不會把原因歸咎於「沒有能力」、「沒有才能」這種無法改變的事；而是去思考「這次的失敗是為什麼？」、「原因在哪裡呢？」把原因放在「具體且能夠改變」的事情上。**

那麼，為什麼成功和失敗會反映在這種「心法」和「想法」的差異上呢？

舉例來說，假設大家是正在進行銷售的銷售員，但遲遲無法順利把商品售出。這種時候，認為「自己對商品的瞭解還不太夠吧……」的人，會為了增加商品的知識而重新學習，以面對下次的銷售。

接著，到了下次，至少商品知識的部分會比起前一次失敗時有所成長，因此理所當然地會提高順利售出的機率。

如果賣不出去時，不斷想著「自己沒有能力」、「不適合這分工作」，只會讓自己陷入沮喪。如此一來，就不會意識到必須努力學習讓自己更瞭解商品，因此跟前一次的失敗比起來，幾乎沒有任何改變。

如果**把原因歸咎於無法改變的事，最後自己也不會有任何改變，而很難有所成長**。

在工作和人生中，失敗是在所難免的，不順的事也有很多。

這種時候，請試著從具體且能夠改變的事情上找出原因吧！

只要每一次、每一次都讓自己有所改變、有所成長，即使只有一點點也好，最後也一定能迎向成功。

學習在事情不順時堅定自己的內心，也是一種心理術。

37 提升動力和熱情的內在動機

請想像一下，你現在處於非常飢餓的狀態。

冰箱是空的，必須去五公里外的超市才能買到食物。假設這是唯一的辦法，你會放棄吃東西嗎？

你或許會猶豫一下，但不管怎樣都會因為想吃而採取行動吧！

就像這樣，這種從個人內部湧出「想要～」的欲求，心理學稱之為**內在動機**。

那麼，如果是在你完全不會餓的狀態時，有人對你說：「為了營養均衡，請吃這個」、「不吃○○的話，沒辦法獲得均衡的營養」，並且要你到五公里外的超市買東西，你會怎麼做呢？

如果沒有找到讓自己想吃的意義，或是有很大的強制力，你不會想要行動吧！

就像這樣，從自己外部以「請做～」來強制你行動的，便稱為**外在動機**。

人在面對從自身內部出現「想要～」的欲求時，不管怎樣都會採取行動；相反地，面對從外部被強制的事情時，則很難拿出動力。

這件事情攸關著我們如何提升工作或學習的動力和熱情。

如果想要對工作或學習保持源源不絕的動力，在設定目標時就必須審視自己的內心。

舉例來說，其實比較想要成為漫畫家的人，即使因為薪水佳、社會地位高等理由而以稅務管理師為目標，必須付出的學習和努力對他們來說也會相當痛苦。因此，他們將難以保持動力，可能在遭遇幾次挫折後就放棄了。

但是，像是肚子餓到非常想吃東西一樣，那些打從心底想要成為漫畫家的人，不管被誰阻止，都會持續地畫漫畫，也能輕鬆跨越這條路上必經的苦難吧！

就像這樣，提高動力和熱情的關鍵在於，我們必須時常審視自己的內心，讓自己朝著心之所向前行，而不是依照大腦所想來行動。

此外，**為了讓員工、小孩或學生拿出動力，不能只是單方面地強制對方、從外部給予指示，重要的是，讓他們培養審視自己內心的習慣，問自己「想做什麼」、「將來想變成什麼模樣」**。

像在飢餓時，吃到想吃的東西能得到很大的滿足一樣，能夠達成打從心底想做的事情時，也會獲得很大的滿足。

不單單只是為了提升動力，在讓人生獲得充實感和幸福感的這層意義上，認識自己的心之所望是一件很重要的事。

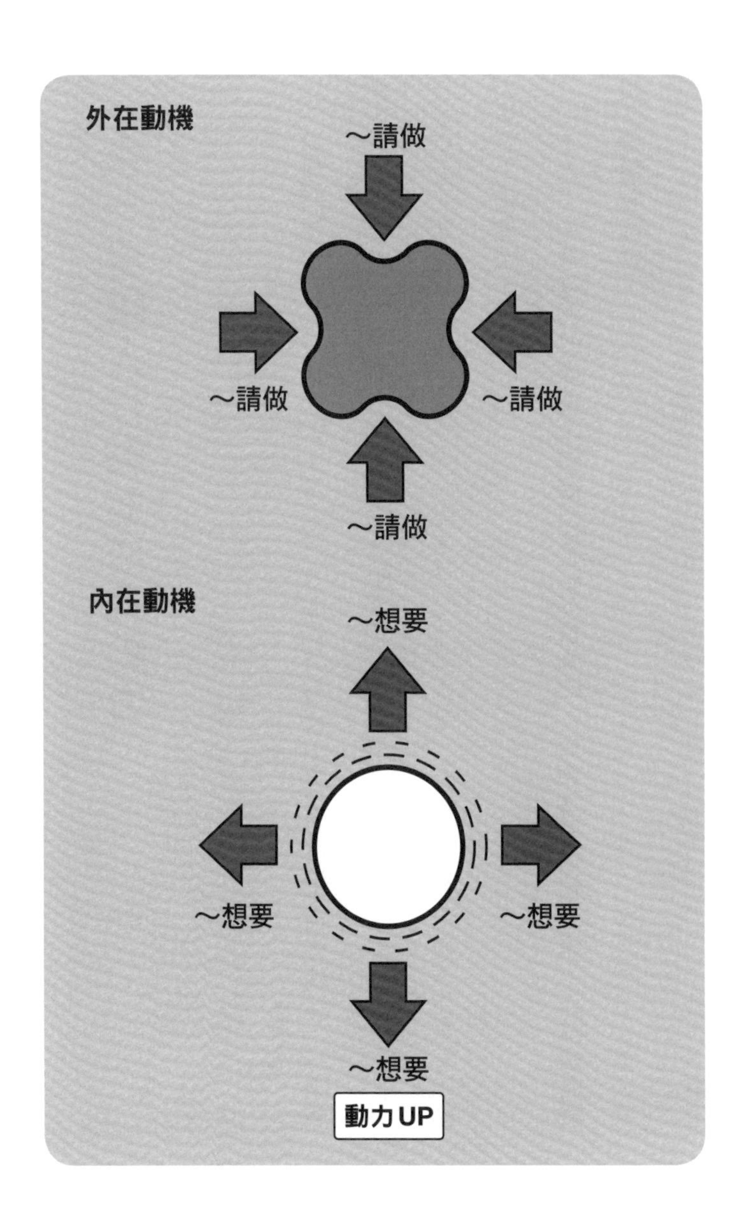
外在動機
～請做
～請做
～請做
～請做
內在動機
～想要
～想要
～想要
～想要
動力UP

38

「快」會讓人行動並成為動力

當我們想要對方行動起來、希望對方能更努力時，會很容易不自覺地說：「請多做一點工作！」、「請多讀一點書！」、「請多做一點運動！」

但是，不管我們說「請多做一點工作」、「請多讀一點書」多久，對方也拿不出動力，努力地做吧！

不過，**如果在做的事情，對自己來說是快樂的，並伴隨著愉快情感，人就會自動自發地積極行動**。

反過來說，如果在做的是不快樂的、伴隨著不愉快情感的事，人就難以拿出動力。

此外，即使是喜歡的事，在心情不好（不愉快）時，我們也很難拿出動力。也就是說，我們在心情好，或是事情伴隨著愉快情感的時候，才會積極地行動。

如果我們對完全不工作的下屬或完全不讀書的孩子，一直煩人地說「請多做一點工作」、「請多讀一點書」，對方聽到這些話，只會產生不愉快的情感。

另外，如果喋喋不休地嘮叨、強制對方，就會讓他們把工作、讀書和不愉快的情感連結在一起，而變得愈來愈沒有動力。

工作＝不愉快

讀書＝不愉快

那麼，這種時候要怎麼做才能讓對方拿出動力呢？

可以在對方工作或讀書時，稱讚他們：「你很努力耶！」「很佩服你！」這些言語能讓對方感到快樂、產生愉快的情感。

如果不斷地稱讚對方，在對方的大腦中工作或讀書就會和愉快的情感產生連結，如：工作＝快樂（會被稱讚）、讀書＝快樂（會被稱讚）、努力＝有意義（會被稱讚）。如此一來，就會自有自主地行動起來。

人會因為快樂才行動，因為快樂才努力。

就像電玩或漫畫，這類能夠獲得快樂的東西，即使周遭的人再怎麼阻止，也沒辦法讓你停止吧！

這麼來看，要激發他人的動力，有件重要的事：上司或父母不能光是要求對方「快點工作」、「快點讀書」，而是必須讓對方感到工作或讀書的樂趣和美好。

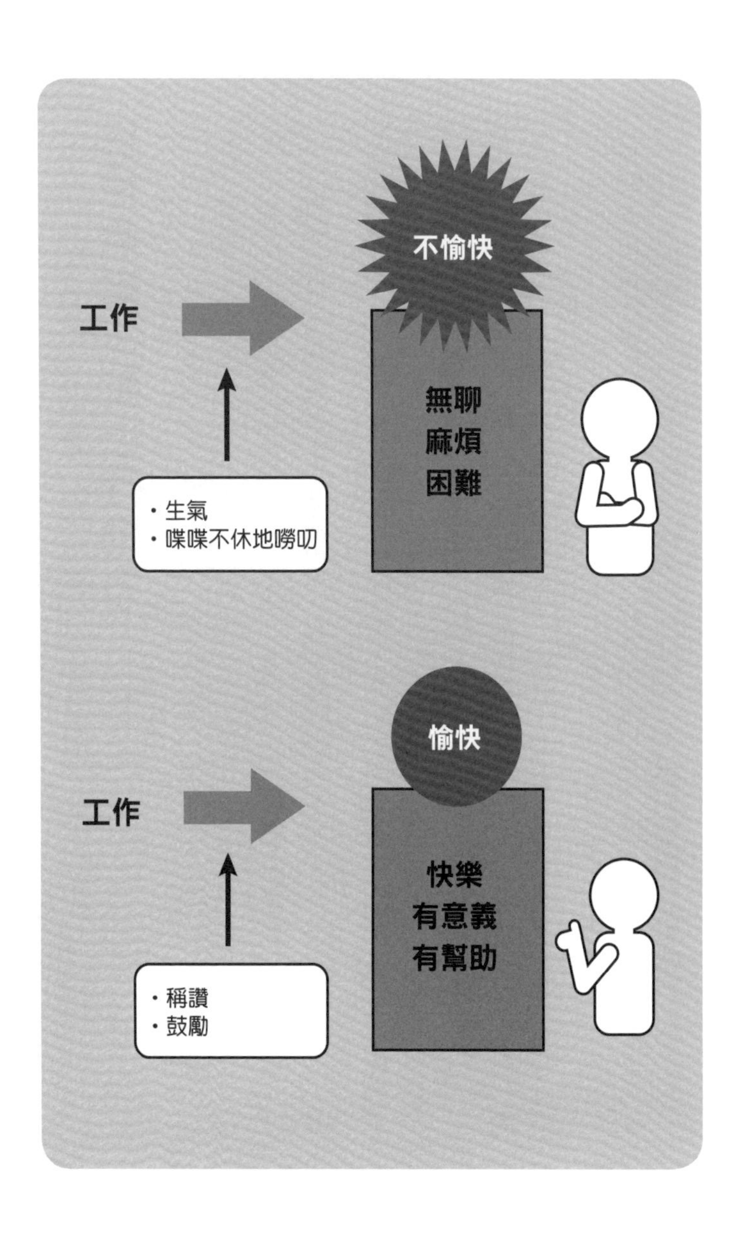
不愉快
工作
無聊
麻煩
困難
・生氣
・喋喋不休地嘮叨
愉快
工作
快樂
有意義
有幫助
・稱讚
・鼓勵

39 拆掉煞車，裝上行動力

大家都能夠將想做的事、必須做的事，確實地付諸行動嗎？

還是只想著「一定要做、一定要做」，便不知不覺拖延著，最後才驚覺已經過了兩、三年了。其實，這是常有的事。

我之前有個必須要用英文寫信的機會，但我只是想著「一定要寫出流暢又自然的英文」，不知不覺間過了兩年，一個字也還沒寫。

我們先把這件事放到一旁。人們常說要讓事情有所成果，最重要的是能力×行動。

不過關鍵在於，即使大家的能力都是90，如果行動是0，成果只會變成0。但是，即使能力是1，如果行動有90，成果就會變成90。

也就是說，要做出成果最重要的就是行動。

所謂思考型的人，只會成天想「如果變成那樣怎麼辦」，擔心失敗的可能性而一動也不動。他們很容易就陷入這種模式。

思考型的人想開始嘗試某件新事物時，說好聽一點是因為頭腦好、深思熟慮，所以會看見各種可能性和風險，最終導致自己無法動彈。

另一方面，幾乎不會思考的人，不會去想失敗的話怎麼辦，也不會在意他人的想法，只要他們想做，就會持續地行動。

以動物來做比喻的話，野生動物不管有沒有得到許可，只要面前有飼料就會吃掉；而受過訓練的、聰明的動物，則會觀察飼主，為了不要被罵而不會立刻吃掉。

當然，在某種程度上事先設想風險，用頭腦去思考是很重要的，但若是想太多就會讓自己無法動彈。

因此，要強化自己的行動力，必須先試著不要想太多，拆掉大腦煞車（心理阻隔）。我們為了增加思考能力，不管是學生時代還是出社會後，面對各式各樣的場合都在接受著思考訓練。這讓我們掌握了相應的思考能力。

不過，我們幾乎沒有接受過行動訓練。在學校上課時，大部分時間我們都是一動也不動地坐在座位上思考、背誦。

雖然聽起來很理所當然，但為了增加行動力，最重要的就是要付諸行動。請試著一想到什麼事情，就立刻去做。不要顧慮太多，只要行動。

不管什麼事都立刻去做，反覆做著這個行為，讓自己養成立刻行動的習慣。就像愈常思考，思考能力就增進愈多一樣，愈是行動，也愈能提升自己的行動力。

關掉煞車。
・我可能會失敗
・我做不到
・我會被拒絕
嗯……
總之先行動再說！

40 情緒高漲時能大幅提升工作效率

參加無聊的會議或研習會時，不管看了幾次手錶，時間都沒有前進，10分鐘過得就像1、2小時。大家有這種經驗嗎？

相反地，當我們跟喜歡的人聊天、做喜歡的事時，常會驚覺「欸？已經過了那麼久了嗎？」感覺1、2小時過得像是幾分鐘一樣。

就像這樣，**即使是同樣的1、2小時，我們的大腦也會根據當時的心理狀態，大大改變對時間的感受和處理方式**。

有趣的是，當我們感覺時間過很慢時，常常什麼事也沒有做；反而是「已經過2

小時了？」當我們感覺時間一轉眼就過去時，會覺得這段時間過得充實，經常完成很多工作。

我們常說「心情很沉重」，當我們討厭某件事、心情沮喪時，大腦的處理速度會變慢（如同電腦速度很慢的狀態），短短幾分鐘，也感覺像是1、2小時一樣。

當我們使用舊電腦（CPU、處理速度很慢的電腦）工作時，常常會因為電腦跑得很慢，導致工作完全無法進行。不少人都有過這種經驗吧！而類似的事情，會在我們心情沮喪時發生在大腦。

那麼，要怎麼做才能把1、2小時當作好幾倍的時間來使用呢？

其實，就是反過來讓自己擁有好心情和好的心理狀態。換句話說，就是讓自己保持情緒高漲。

大家應該多少有看過或聽說過，職棒選手在進入打席時，現場會播放自己喜歡的歌曲。這是一種讓情緒高漲的心理術，能讓自己**進入興奮狀態**。

我們的大腦，隨著我們心情愈好，愈能好好運作。特別是情緒高漲時，能運作得更快速。

跟電腦一樣，如果大腦提升處理能力和速度，我們就可以更快地完成工作。

要把有限的時間當成好幾倍來使用，並完成許多工作的關鍵就在於，我們必須讓自己的情緒高漲，使大腦保持好心情。有各式各樣的方法都可以讓情緒高漲，如：播放喜歡的音樂或是有節奏感的音樂、點燃喜歡的線香、運動、調整呼吸等等。請大家一邊嘗試各種方法，一邊找出能有效讓自己情緒高漲的做法吧！

在工作時或工作前，摩擦雙掌或是輕拍自己的臉頰，也是一個方法。

總之，如果能養成在情緒高漲時工作的習慣，將會讓我們使用時間的方式，產生與之前截然不同的改變。

進入興奮狀態
音樂
調整呼吸
香氛
運動
吃刺激性的食物
FROSK
拍打臉頰
拍拍

第7章

提升能力的心理術

41

與他人拉開差距吧！任何人都能做到的速讀法

當大家覺得「看書、看文件很花時間」、「想要看書看得更快一點」時，應該都有想過要學習「速讀」吧！

速讀有很多種方法，而現在要教大家一個最簡單的方法，任何人都能輕鬆做到。

這個方法就是，先確實決定好自己想知道的、必要的資訊，然後再一邊掃視內頁，一邊快速地翻閱。我知道一定有人會懷疑：「這樣能讀得懂嗎？」

大家有聽過**雞尾酒會效應**嗎？

在人潮眾多的會場裡，大家各自聊天，而即使我們待在這樣吵雜的地方，還是可以很自然地聽見自己的名字、感興趣的話題等，雞尾酒會效應就是指這種現象。

雖然這是關於聽覺的現象，但在視覺上也會出現同樣的現象。

例如和朋友或家人約在車站碰面時，仍然能從擁擠的車站中找到彼此。

這種時候，我們並沒有把在車站的每個人的臉都一一仔細地確認過，只是直接掃視整體人群，再從那之中快速找出和自己相約的對方。

就像這樣，**我們的大腦不需要把大量資訊一個一個看過、聽過，也可以從中找出對自己來說必要的資訊**。

雖然在書籍裡羅列著大量的文字訊息，但對我們來說，寫在上面的東西並不一定全部都是必要的。

書上可能會寫著我們已經知道的事、沒有必要知道的事，或是不感興趣的事。即使我們仔細讀過那些不感興趣的事，多半還是會馬上忘記。

如果先確實地決定好自己想知道的、必要的資訊，再去掃視整個內頁，大腦就會以這些為重點目標，幫我們找出對自己來說必要的資訊。

當然，我們發現需要的資訊時仍須仔細讀過。這是善用此法的重點。

當我們在乘坐新幹線等高速移動的交通工具時，大腦會幫助我們對有興趣的事物產生反應。如同這樣，即使我們快速翻頁，如果發現真正感興趣的內容，大腦也會立刻幫我們做出反應。

當然，也是有能夠一字不漏地快速閱讀的速讀方法，但那必須經過一定程度的訓練。所以，推薦大家用這個簡單的方法。試著先確實決定好自己有興趣、想知道的資訊，再掃視內頁看看吧！

使用這個方法大量閱讀各種商業書籍，就能夠比一般人多吸收好幾倍的必要資訊（也有不適用這個方法的書籍或文件）。

雞尾酒會效應
○×※
□…
A先生
他啊…
●○×
▷※…
xx□□
○◎!
▷□×
▽…
※♡
△※※
有人在說
我的事！
即使周遭環境很吵雜，
也能聽到關於自己的
話題或有興趣的話題。
A先生

42 記不起來的原因不是記憶力不好，而是○○

不少人都會對於記憶感到煩惱，如：記憶力不好、就算努力也記不起來、以為記起來了卻馬上忘記……

我在高中時最不擅長歷史，還有「世界史被當」的輝煌經歷。回想當下，那時的我覺得自己的記憶力很不好，並因此大吵大鬧了一番。

不過，包含當時的我在內，因為記憶力不好而煩惱著的大家，應該都能夠記住自己喜歡的事和有興趣的事吧？

如果是這樣的話，我只能說，很可惜這並不是記憶力的問題。

好像聽到大家在反駁我：「但是，我讀過的書或文章，到了隔天就會完全忘掉，果然還是記憶力的問題吧！」

那麼，想問一下大家，當有非常討厭的事發生在自己身上時，如：工作上的大挫敗、失戀等等，你是不是會想要快點忘得一乾二淨，但卻怎麼樣也忘不了呢？

從這個例子可以知道，**我們的大腦能夠牢牢記住，我們感興趣的事、喜歡的事、痛苦的事等等伴隨著「情感」的資訊**。

另一方面，當我們看到或聽到沒興趣的事、不關心的事時，不會引起任何情感的共鳴，除非反覆看過，不然那些事不會留在我們的記憶裡。

試著回想看看以前的職場或校園生活，也可以理解這件事。我們能夠輕易地想起許多我們喜歡的人或討厭的人，但幾乎沒辦法想起我們完全不在意的人。

也就是說，記不住並不是因為記憶力不好，而是因為我們在看到或聽到那件事時沒有引起情感共鳴而已。因為我們不覺得那件事有趣，甚至不感興趣。

在閱讀手冊、商業書籍或是文本時，如果我們的情感出現很大的浮動，心想：「好有趣」、「太厲害了」、「原來如此」，書的內容也就能自然地記住。記不住只是因為沒有發生這些反應而已。

我們的大腦會把伴隨著情感的事，視為對我們來說很重要的事。

大家如果正煩惱著記不住，可以試著在學習某件新事物時，盡可能挑選寫得容易理解又有趣的書籍或文本，讓你讀了可以引起情感上的共鳴。請不要使用那些看起來比較難懂的書籍來學習，那只是在為難自己而已。

不過，如果因為某些原因無法挑選有趣的書籍，不妨試著帶些玩心，把書上的艱深內容置換成有趣的圖畫吧！

只要在記憶時伴隨強烈情感，甚至可能看一次就記住，深印腦海、無法遺忘。

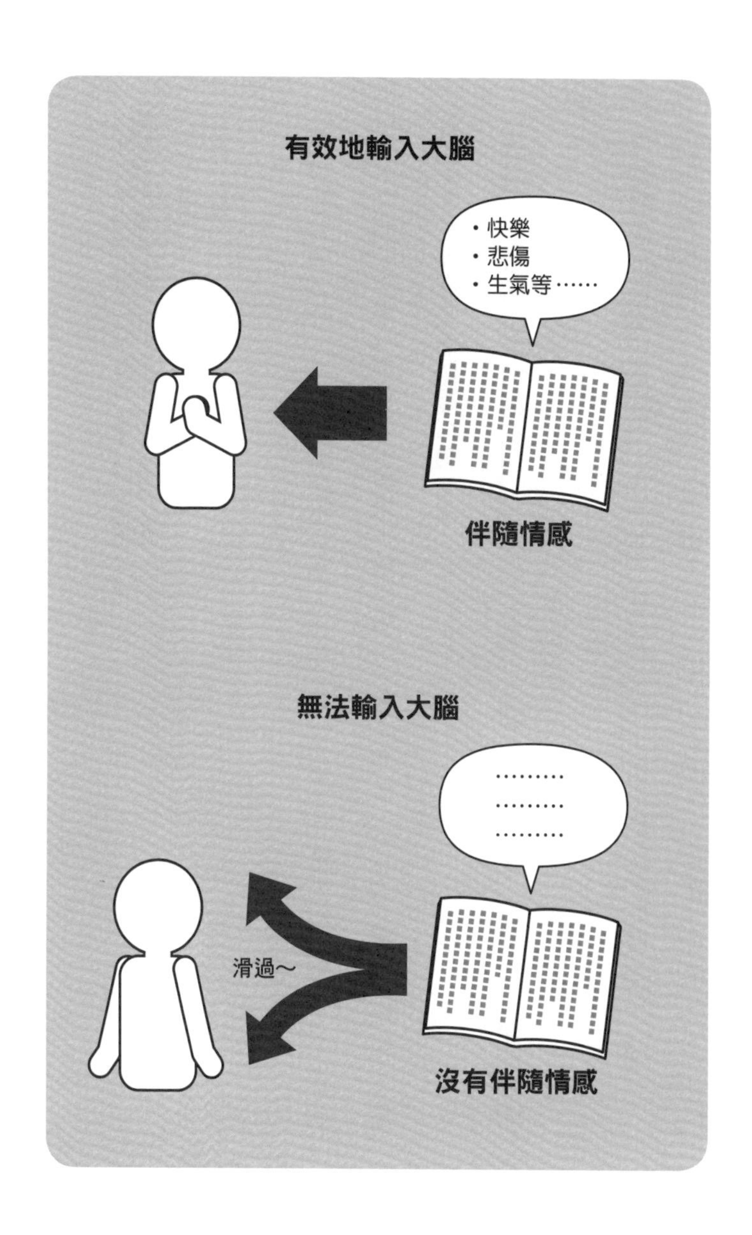
有效地輸入大腦
・快樂
・悲傷
・生氣等……
伴隨情感
無法輸入大腦
滑過～
沒有伴隨情感

43

製造契機來提升記憶力

在跟他人聊天時，一時想不起來某個人或藝人的名字：「就那個人啊！有上那個節目的。」而即使這時實在想不起來，稍微過了一段時間後，常常又會突然想起：「是○○先生！」大家是不是都有過這樣的經驗呢？

或是，在考試時怎麼樣也想不起來的答案，等到交考卷之後，要跟人討論或翻開教科書時，才又想起來。

仔細想想，在這些情況下，我們並不是沒有記住，也不是完全忘得一乾二淨。

我在課程或研習時，常常會做一個實驗：讓那些覺得自己記憶力不好的人，記下

10個左右的圖像或文字，之後再請他們寫下記下了什麼。

然後，確實大部分的人在一開始都沒辦法全部寫出，但稍微給他們一點提示後，他們就會突然想起，把全部都寫了出來。

也就是說，並不是沒有記住，也不是忘記了，很多時候只是「想不起來」。

當你整理抽屜或衣櫃，突然發現某個東西時，某個令人懷念的記憶就會甦醒過來，儘管平時不會想起，甚至已經遺忘了。大家應該有這種經驗吧！

就像這樣，即使是平時已經忘記、不會碰觸、意識到的過往記憶，只要有「契機」，我們也能夠輕易喚醒。

記憶分為三個過程：編碼↓儲存↓檢索。有許多我們以為忘記的資訊，實際上都儲存在我們的無意識（潛意識）中，只是有很多時候我們沒辦法檢索出來。

也就是說，要提高記憶力的其中一個方法，就是「提高檢索的能力」。

要怎麼做才能提高檢索的能力呢？我推薦大家可以試著把每天發生的事寫成日記，也可以試著在起床時回想做過的夢境。

此外，**在記住某件事時，為了能在往後輕易想起，請一定要跟著契機一起儲存在腦中**。

例如，若把東西隨便收進抽屜或衣櫃，之後就會常常找不到。這種時候，可以試著像是整理文件時，為了分類會把◯◯放進藍色資料夾、把△△放進黃色資料夾一樣，製造出容易回想的契機，如：第一層放◯◯、第二層放△△。

另外，想說「回家時要順便買原子筆芯」的時候，先在指尖用原子筆塗上一點顏色，就不會忘記了。

請大家試著在記憶時跟契機一起記住吧！如此一來，就能讓你深刻記憶、輕鬆想起。

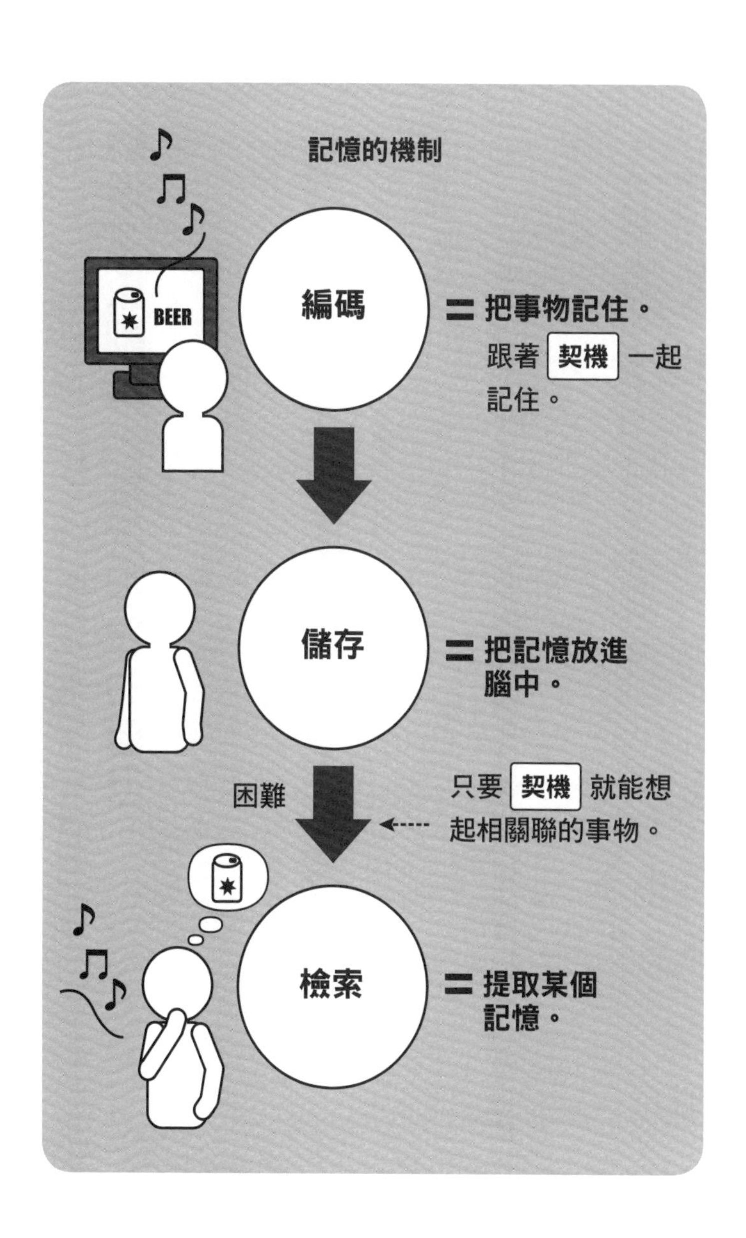
記憶的機制
BEER
編碼
＝把事物記住。
跟著 契機 一起
記住。
儲存
＝把記憶放進
腦中。
困難
只要 契機 就能想
起相關聯的事物。
檢索
＝提取某個
記憶。

44

透過意象訓練，接近理想的自己

大家有將來的目標或夢想嗎？能夠想像理想的自己是什麼樣子嗎？

某位拿下奧運金牌的運動選手曾說，他一直想像自己站在頒獎台上，拿著金牌，雙手高舉的模樣。

很多運動選手，每天除了花費大量時間進行體能訓練和技術訓練以外，同時也會進行意象訓練。

為什麼那些頂尖運動員要進行意象訓練呢？

假設你眼前有一顆大酸梅，請你想像一下把它一口含進嘴裡的樣子。

能想像出那個畫面嗎？

如果能想像出很真實的畫面，你就會像吃了酸梅一樣流著口水，但實際上你並沒有吃酸梅。

另外，在電視或電影上，看到主角走在斷崖絕壁的場景時，我們的身體會不自覺顫抖、手汗直流。大家有這種經驗嗎？儘管我們是待在安全的客廳或電影院。

我們不用實際體驗，也能像這樣「僅透過想像」就引起身體反應。

實際體驗過這些的大家應該能理解，**我們的大腦無法區別實際上的體驗和想像上的體驗，因此即使只是想像，也能引起就像實際體驗一樣的反應。**

順帶一提，有研究指出，每天想像著自己在健身，肌肉量就會增加；即使是在腦中進行鋼琴的練習，掌管手指動作的運動皮質也會和實際練習時一樣擴大。

想像，蘊藏著非常巨大的力量。

應該有人只要一擔心（想像）明天的事情，肚子就會痛起來。

那麼，如果運動員或是商務人士在想像明天的比賽或商業談判時，僅想著「失敗、不順利的話怎麼辦」等負面狀況，會發生什麼事呢？可能會變得心情沮喪、身體不適，而以這種狀態來面對比賽或商業談判，當然也發揮不了實力。

相反地，當作實際上會發生一樣地去想像「順利的話怎麼辦」、「被表揚的話怎麼辦」，會有什麼效果呢？你會對此感到興奮，進而提升心理、身體和大腦的運作，也會因此提高在比賽或工作拿出好表現的機率。

意象訓練就是像這樣，藉由積極、寫實地描繪正面想像，來引起大腦和身體的良好回饋，進而引導出能力的方法。

「人能想像得到的事情，就能實現」。只要每天想像理想的自己，並朝著那個模樣一直努力，大腦和身體就會產生良好回饋，讓我們漸漸接近目標和夢想。

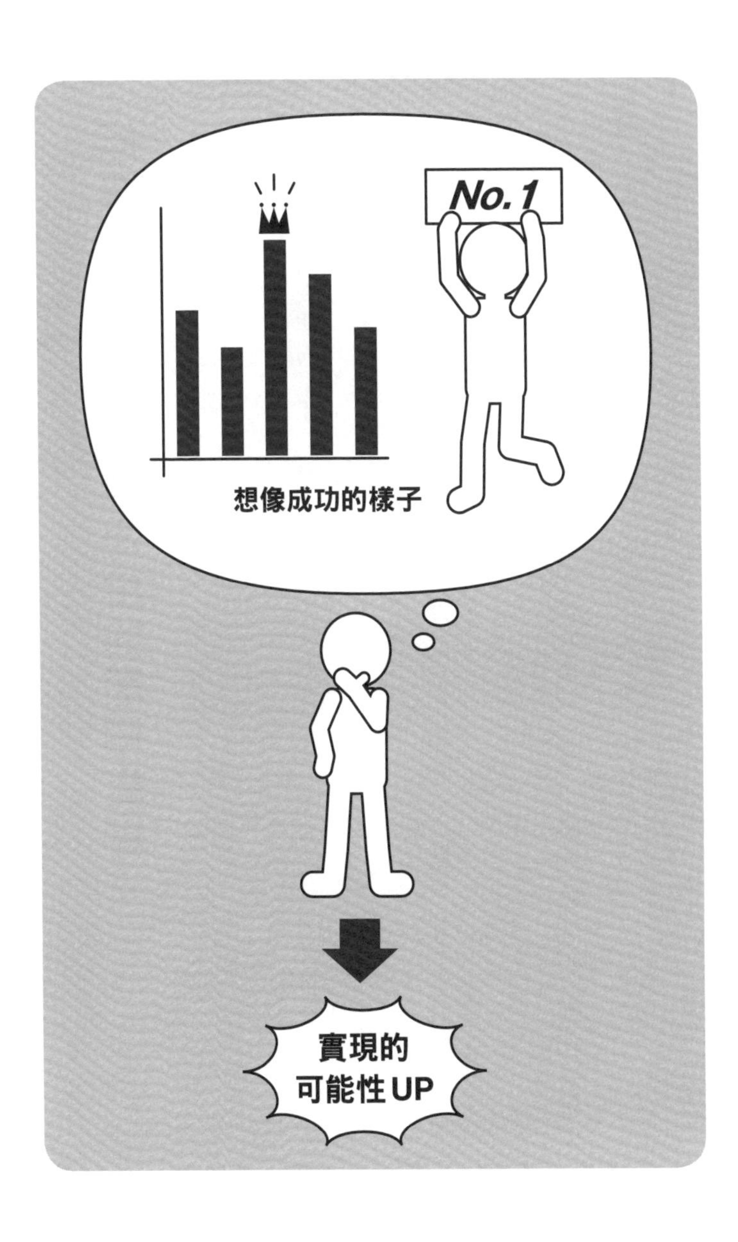
No.1
想像成功的樣子
實現的
可能性UP

45 能讓大腦提升處理速度的即席坐禪

當你有必須處理的工作，但大腦卻完全無法思考時，是不是會很困擾呢？這種時候，我推薦大家試試即席坐禪。

有些人可能一聽到坐禪，就擔心該不會是要去當和尚？但是，並不是這樣的，請放心。

讓我們改變一下話題。大家手邊的手機和電腦，是不是剛開始使用時都運行得很順暢，但隨著使用時間的增長，運行速度會逐漸變得緩慢呢？

手機和電腦在構造上分成兩個部分：處理即時資訊的「RAM」和儲存資料

的「ROM」。為了容易理解，大家可以把RAM想像成我們進行工作的桌面；把ROM想像成收納文件的抽屜。

最近雖然出現了許多ROM容量非常大的手機和電腦，但它們的RAM（作業空間）容量仍然有限。因此，當同時開啟多個軟體時，處理速度就會變慢。這種時候，只要整理一下正在使用的軟體，手機和電腦就會恢復到原先的處理速度。

其實，這種RAM和ROM的關係，也適用於人類的大腦。

在人類的大腦中，也存在記憶著大量資訊的ROM，和用來思考、處理事情的RAM，這被稱作**工作記憶**。

而工作記憶（大腦的作業空間）的容量並不大，因此只要你開始思考或煩惱各種事情，就會導致大腦的處理速度跟不上、無法好好運作，並讓你沒辦法有效思考。

這種情況下，**最重要的就是把累積在工作記憶裡的各種資訊好好整理一下**。

而坐禪，就是最好的整理方法。

雖然說是坐禪，但並非要大家成為和尚，所以不必在意那些困難的事。**我們的目的，只是要讓大腦放空並重整身心**。這是讓大腦能夠快速運轉的重點。

接著，讓我來向大家說明即席坐禪的方法吧！大家可以坐在椅子上，或是抓著吊環，然後試著什麼都不要想，讓一切思緒都從腦中一次消除，即使只有30秒也沒關係。

剛開始如果覺得什麼都不要想很困難，可以試著一邊在心裡面數數字，一邊深呼吸，或是在心裡面重複念著某個特定的詞語。

就像比起散亂各種文件的桌面，收拾得乾淨整齊的桌面會更容易作業一樣，只要養成讓大腦的作業空間保持乾淨的習慣，大腦的運轉就會變得更順暢。

大腦就像桌面，
放太多東西會難以作業。
思緒混亂
思緒清晰
當東西減少時，作業就變得容易。

第8章

減輕壓力的心理術

46 你還好嗎？簡單的壓力測試

最近政府公布了關於壓力檢測的法令，大家是否準備好妥當的相關對策了呢？

許多職場都會實施專業壓力檢測，而我準備了簡易檢測，請大家試試看吧！

★簡易壓力檢測（欲知詳細的診斷結果，請前往醫療機關）

這邊有25個題目，請全部都以是或不是來回答。

①起床時會感覺身體沉重又疲憊嗎？

②常常睡不著嗎？

③很淺眠嗎？

④手或腋下容易流汗嗎？

⑤容易感冒或是感到身體不適嗎？

⑥沒有食慾嗎？

⑦疲憊感無法消去嗎？

⑧會容易因為一點小事就感到疲倦嗎？

⑨會很在意細微的聲音或小事嗎？

⑩會時常肩頸僵硬嗎？

⑪腸胃狀況容易不好嗎？

⑫會覺得與人見面很麻煩、痛苦嗎？

⑬會沒來由地感到不安嗎？

⑭會覺得總是被某些事物追著跑嗎？

⑮會不自覺地抱怨、說他人壞話嗎？
⑯對異性不感興趣嗎？
⑰會沒來由地靜不下來嗎？
⑱會容易因為一點小事就感到心情沮喪嗎？
⑲總是想著一些沒有用的事情嗎？
⑳會覺得不管做什麼都不快樂嗎？
㉑會對人際關係感到麻煩嗎？
㉒會很在意周遭的人對自己的看法嗎？
㉓不管什麼事都不想做嗎？
㉔常常感到煩躁嗎？
㉕常常做惡夢嗎？

（監修　日本心理教育顧問）

■診斷結果　請確認一下「是」的數量。

- 0～5個　壓力較少。（即使符合的項目很少，出現嚴重症狀時也必須注意！）
- 6～10個　可能累積了一點壓力，必須注意不要讓自己再累積更多壓力。
- 11～15個　可能累積了不少壓力，必須盡快採取方法來應對，如：休息等。
- 16～25個　可能累積了非常多壓力，如果實際上感覺到不適，或是已經影響到了工作、日常生活，請盡快前往醫療機關接受治療。

※這個檢測只是簡易版，結果僅供參考。

雖然準確結果仍須至醫療機關確認，但若分數偏高，可能代表你已有所負擔。

而壓力除了會造成失眠、腹痛等典型症狀外，也可能導致記憶力和專注力低下、失誤增加、暴力傾向、性格扭曲、無精打采等，影響著許多層面，請務必積極看待。

47

愛說話的人擅長紓解壓力

前幾天，某雜誌對讀者進行了關於紓壓方法的問卷調查。我看了問卷調查的結果，位居排行榜首位的竟然是……

第一名　聊天

第二名　睡覺

由於工作的關係，我想瞭解人們紓解壓力的方式。原本期待可以發現一些特別的方法，但看到結果後，總覺得有些失望。

不過，這些極為理所當然又普通的方法，在紓解壓力上其實比任何方法都更加重要。

請大家把壓力想像成一顆球受到擠壓，因而凹陷的狀態。

隨著球受到壓力擠壓，內部空氣也會受到壓迫，壓力愈變愈大的話，就會導致球破裂。而為了防止破裂，必須把球內的空氣（能量）慢慢排到外面。

人類的壓力也是同樣道理。當我們感到壓力的時候，如果只是一直忍耐，不久後就會破裂；如果能把累積的壓力（能量）排到體外，我們就能維持身心的平衡。

而把壓力排出體外，最快的方法就是聊天。

觀察自己的周遭，你會發現，**那些擅長紓解壓力的人，大多只要有什麼不開心的事，就會全部說出來**；相反地，那些因為累積壓力而導致身體不適，甚至突然辭職的人，大多不管發生什麼事都不會開口，會把自己想說的話和想法藏在心裡。

常常聽到有人會說：「就算跟別人講也沒什麼用……」並就此保持沉默，但這並不好。

或許說出來不會對外在現實造成什麼改變，但會讓內在變得輕鬆。所以，如果你周遭有善於傾聽的人，請試著把你的心事說出來吧！

不過，許多人在遇到不開心的事時，可能會抗拒向他人訴說。這種時候，請你想像自己必須「把球內的能量向外排出」。

除了說話以外，也可以試著運動、在沒人的地方大喊大叫、唱歌、大笑、大哭等，這些方法都能有效地把能量排出體外。

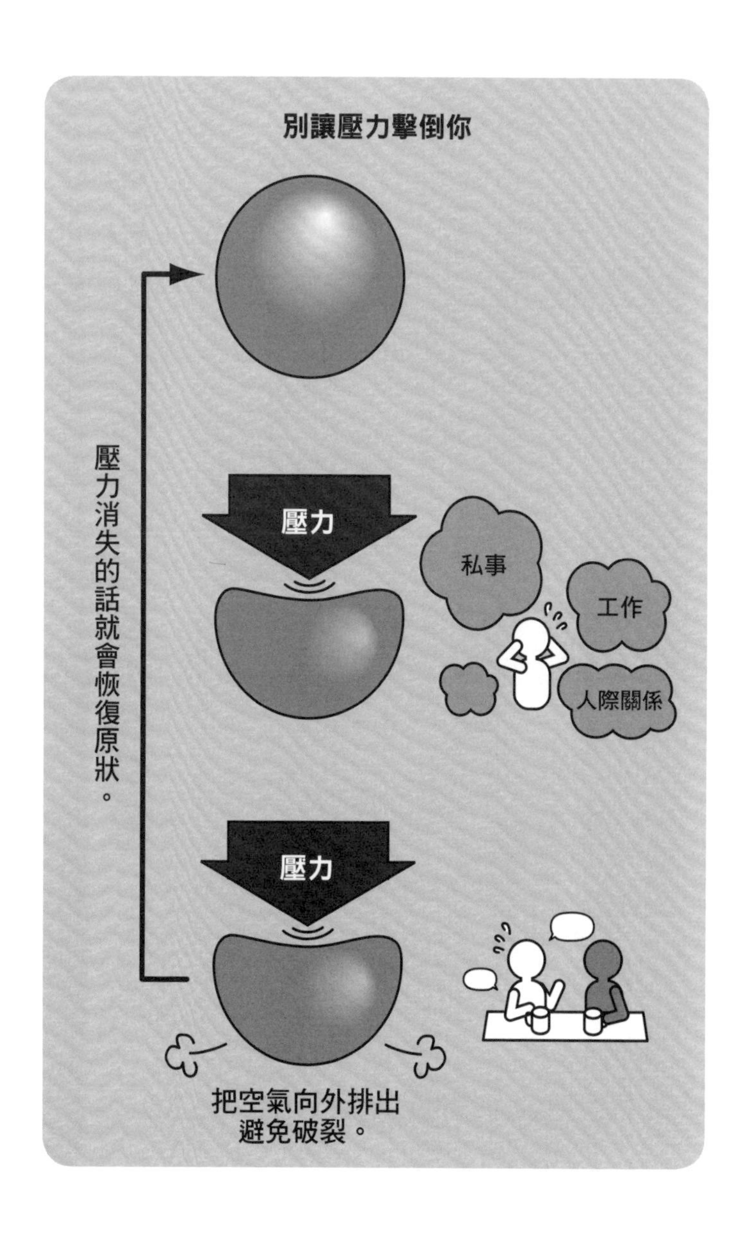
別讓壓力擊倒你
壓力
私事
工作
人際關係
壓力消失的話就會恢復原狀。
壓力
把空氣向外排出
避免破裂。

48

整理和打掃能有效排解壓力和憂鬱

最近常常聽到有人說整理、打掃能提升運氣、招來好運。

先不管是不是真的會提升運氣、招來好運，從心理學的角度來看，整理和打掃其實能有效排解壓力和憂鬱。

不過，聽到我這樣說，應該不少人會懷疑：「我知道打掃是很好沒有錯，但打掃對排解壓力和憂鬱真的有效嗎？」

在本章節，我會用心理學和心理諮商的觀點來向大家解釋，關於這件事的運作方式。

首先，**造成物理狀態上的房間髒亂、物品囤積的根本原因在於，「沒辦法乾脆地丟掉過去的、不需要的東西」的心理狀態**。並且，是因為我們想著「不能丟棄過去的資訊」，才造成這種心理狀態。「過去的資訊」即是過往發生的事。

有不少煩惱於壓力和憂鬱的人，會把過去發生的事（例如被說的壞話、難過的事等）在腦中妥善地保存好幾年，一直無法忘懷。

明明那些令人不開心的往事已經沒必要留著了，但就是沒辦法從心裡好好消化、捨棄，只能持續痛苦著。

如果你正因為被囚禁在過去發生的事而感到痛苦，就必須要改變沒辦法整理、丟棄的心理狀態。你必須要放下對過去的執著。

而具體的方法就是，打掃、整理、丟棄等行為。

另外，還有一個理由可以說明，整理和打掃能有效排解壓力和憂鬱。

大家在去到很多人的地方後，會不會感到非常疲累呢？

就像我在前面所說的一樣，人類會透過五感來取得外界資訊，而在那之中，視覺（眼睛）可以得到最多資訊量。

在人群當中，雜亂的資訊量會一直進入我們的視覺，而神經不斷受到刺激後，我們在不知不覺間就會感到疲勞。除了視覺以外，其他五感也會接收到各種資訊，而更加明顯地感到疲勞。**因此，在房間髒亂、東西隨意擺放的情況下，雜亂的視覺資訊從日常生活中不斷進入我們眼中，在不知不覺間讓神經愈加疲勞。**

若在日常生活中使神經持續感到疲勞，不久後很可能會影響身心健康。而看美景能感到心神安定，同樣也是受到視覺的影響。

口說無憑，讓我們實證一下吧！大家只要實際去打掃房間、把不需要的東西都丟掉，一定會很不可思議地感到神清氣爽。

因為以上這些理由，我才會推薦大家透過整理和打掃來改善壓力和身心健康。

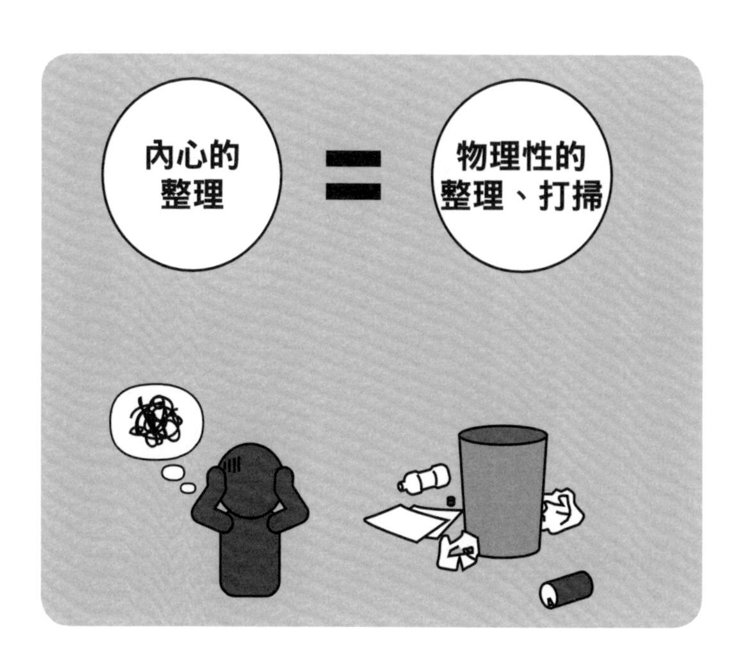

49

鍛鍊心理素質以增強抗壓力

「玻璃心」，是我最近從年輕學生口中聽到的詞語。他說這是用來比喻「自己的內心就像玻璃一樣脆弱，因為一點小事就會碎掉。」

讓我們來看看長年過著家裡蹲生活的少年A（並非同一位學生）的生活模式。

上午11點　起床

中午12點　吃飯

下午1點　看電視

下午3點　午睡

晚上5點　上網

晚上7點　晚餐

晚上8點　看漫畫

晚上10點　傳訊息聊天

晚上12點　電腦遊戲

凌晨2點　睡覺

大家看到這樣的生活模式，會覺得少年A的身體健壯嗎？應該不會吧！因為他幾乎沒有在活動，身體沒有什麼負荷。

那麼大家覺得少年A的心理素質好嗎？應該也不會那樣想。因為他的內心一樣沒有任何負擔。

如果想要鍛鍊身體，就必須做一些重量訓練，讓身體負荷一定的重量；同樣地，

想要鍛鍊心理素質，也必須讓內心負荷著一定的重量。

有人認為，相較於以前，現代人的心理素質變弱了。我們光是和戰爭世代的人聊天，或是看著他們，就能夠感覺到他們的強大。

這是為什麼呢？那個時代，人們不知道什麼時候會遇到空襲，也不像現在一樣有空調來應付寒冷或炎熱的天氣，食物不充足，出門也只能步行。僅僅是過著日常生活，就必須面臨各種壓力和負擔。

相反地，現代生活中沒有空襲，不論冷熱只需調整空調，肚子餓時打開冰箱就能找到食物，出門則能依靠汽車或電車，每天走不到幾步路。

在日常生活中，幾乎不會被逼迫著忍耐，也不會有所負擔。

心理素質、意志力就是抗壓力的一種展現。要有一定程度的抗壓經驗，才能學會抗壓力。

即便如此，我並不是說戰爭是好事，也沒有要大家勉強自己過辛苦生活。只是要告訴大家，想要增強心理素質，最重要的是在日常生活中有意識地增加自己的負荷。例如：從事一些稍微劇烈的運動、挑戰新事物、去沒去過的地方、做一些會讓你稍微緊張的事等……

不過，希望大家注意，不能一下就給內心過大的負荷，請逐步擴大挑戰目標吧！就像在重訓時，如果突然讓身體承受過重的負荷會導致受傷一樣，如果突然給內心過重的負荷，也會對精神狀態造成負面影響。

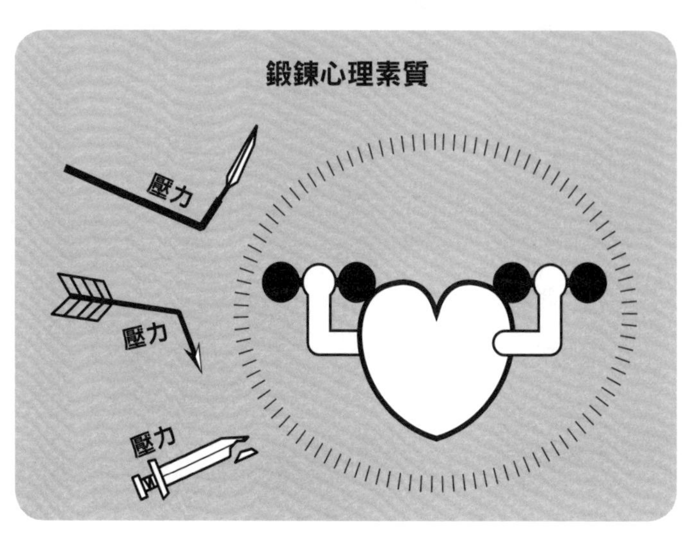

50

訴苦要慎選對象

大家在工作不順、或是有些煩惱時，會找誰商量呢？

大多應該都是找家人、兄弟姐妹、同事、朋友等關係親近的人吧？

不過，在與人商量時，有一個需要特別注意的原則：如果找離婚過的人商量關於離婚的事，離婚的機率就會增加。

「離婚」只是一個比喻。**基本上，人會傾向於依據自己擁有的知識、經驗或信念來對他人的煩惱提出建議**。

讓我們換一個比喻。具體來說，如果「想要開一間自己的店」的人，問認為穩定最重要而成為公務員的人：「我想要開一間自己的店，你覺得該怎麼做才好呢？」對方很可能會回答說：「去做穩定一點的工作比較好喔！」甚至也有可能說：「不要做夢了，看清現實比較好。」

想要與人商量結婚或戀愛時，找那些長年維持穩定結婚生活的人，比較可能得到好建議，如：婚姻圓滿的祕訣、度過婚姻危機的方法等。

如果找那些不斷離婚、分手的人商量，很可能得不到這些答案。甚至對方可能跟你說：「那種狀況的話，快點分開比較好吧！」

就像如果不會操作電腦，沒有人會去詢問房地產業者。

如果煩惱於工作不順，就找曾經跨過這個困難的人商量；如果想實現夢想，就找已經實現夢想的人商量；如果想要幸福，就找抓住幸福的人商量。

雖然聽起來很理所當然，但在找人商量時，一定要記住這個觀念，才能真正得到幫助。

此外，**在找人商量時，我們都會下意識地選擇那些，可能更貼合自己內心期望答案的人**。

順帶一提，如果因為身心狀況不佳而到醫院就診時，遇到那些幾乎不聽你說話、很快就開藥給你，或單方面地把觀點強壓給你的醫生，我不推薦大家繼續就診。最好選擇那些能夠貼近你的感受、認真傾聽，並且不會依賴藥物來緩和症狀，而是向你提出其他方法的醫生。

商量前就決定好結果了
跳槽失敗者
跳槽成功者
放棄吧。
快去做吧！
該跳槽嗎？

51 快速從低潮中恢復的方法

即使我們每天都很努力，也會有失敗、不順遂的時候。

這種時候，任何人都會感到煩惱、沮喪。但是，仍會想要快點恢復吧！

不過，難免有些時候，即使我們在腦中一直想要快點轉換心情，但怎麼樣都沒辦法從負面情緒中恢復。這種時候，最重要的是不能靠大腦去控制心情或心理狀態，而必須嘗試用身體去控制。

大家在心情沮喪時，或許會同時感到身體狀況變得不太好；相反地，也有可能因為感冒、牙齒痛等身體狀況，導致心情沮喪。

我們常說**身心相連**。我們的心理和身體是會相互影響的。

也就是說，**我們能夠藉由控制與心理有著深刻關係的身體來改善心情上的沮喪**。

一般來說，當我們感到心情沮喪或是有所煩惱時，身體會在某種程度上產生相同反應，如：垂頭喪氣、姿勢前傾、呼吸變淺、腹部無力、體溫下降等。

大家都知道，需要有氧氣和血液，才能讓我們的心臟和大腦好好活動。但是，沮喪時的身體狀態，會讓氧氣和血液沒辦法充分地輸送到大腦。

因此，當你感到煩惱或沮喪時，與其想東想西，不如試著抬起頭，端正姿勢，並打開胸口慢慢深呼吸吧！在深呼吸時，如果能配合吐氣，想像自己正把煩惱和壞心情排出體外，會更有效果。

經常感到沮喪或煩惱的人，往往會有姿勢不良的習慣和呼吸太淺的問題。請大家留意！

此外，人感到沮喪、**特別是憂鬱的時候，體溫往往會降低。若能在這種時候慢慢泡澡，讓體溫升高也是一個不錯的方法**。

可能的話，我也很推薦大家可以動動身體，運動一下。只要走路二十分鐘左右，就能夠改善心情。

另外，在沮喪或煩惱的時候，通常視野會變得狹窄，思考也會僵化。這種時候，累積的壓力常會導致身體失去柔軟性，讓全身變得僵硬。因此，試著慢慢伸展，舒緩緊繃的肌肉吧！隨著肌肉得到舒緩、全身血液循環改善，內心的緊繃也會消去，沮喪的心情就能獲得改善。

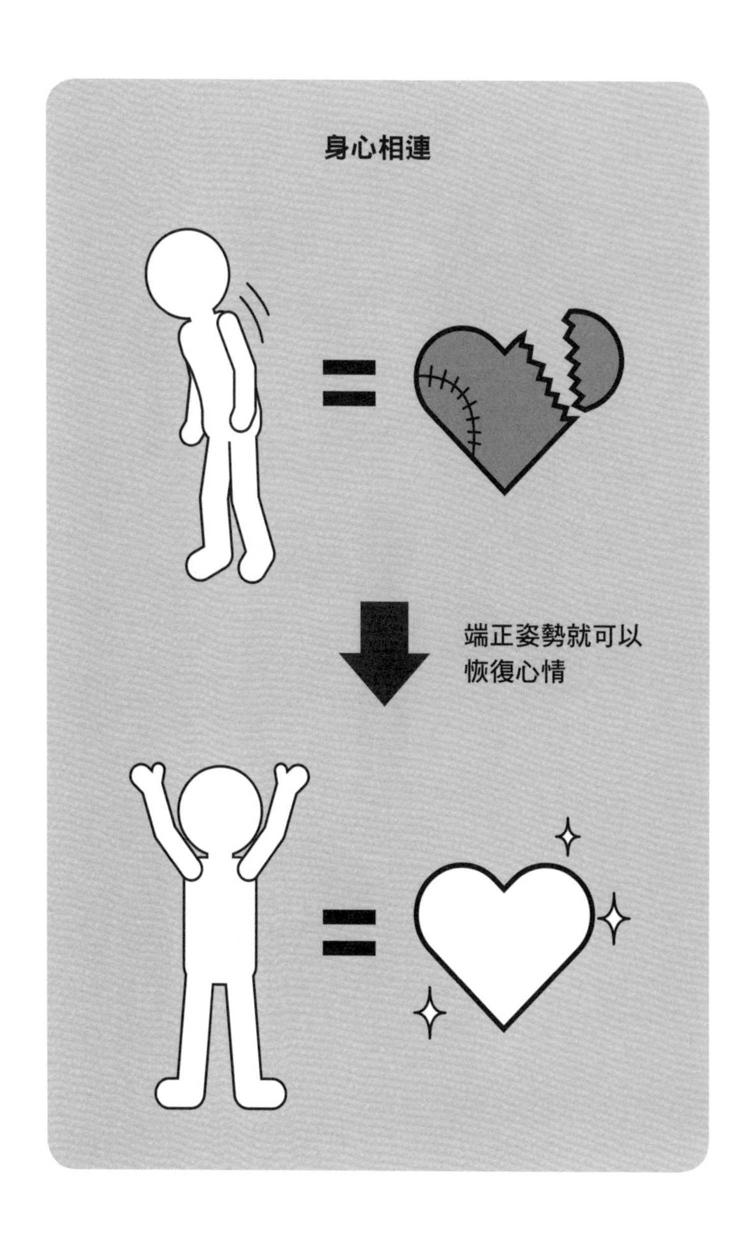
身心相連
端正姿勢就可以
恢復心情

結語

在巡迴各地舉辦研習或演講時，常會遇到有人跟我說：「我以前很討厭心理學和心理術。」

這恐怕是因為，當大家聽到心理學和心理術時，都會有種「它是用來看透人心、控制他人」的既定印象。

而我會開始學習心理學和心理術，是因為想解決自己的煩惱。不過，其實還有一個理由。

畢業後不久，我很幸運地得到了一分學生諮商室的工作。但是，實際在現場接觸學生們各式各樣的煩惱後，才發現很多時候自己沒辦法幫到他們，經常深感無力。

當然，我理解我的職責，並不是改變對方這種超乎常理的事。但是，我還是希望至少要讓來找我諮商的人覺得「幸好有來」、「心情變好了」、「恢復精神了」。

因此，我開始學習改變人心、讓心情變好的方法。

如果對心理學和心理術用法有誤會，確實會引起看透人心、控制他人等問題。

但是，如果能好好活用心理學和心理術，它會成為一個非常有效的手段，讓我們理解他人、引導出自己或他人的能力和潛力、變得有精神、營造良好的人際關係等。

希望閱讀本書的讀者們，除了把心理學和心理術運用在自己身上以外，也能善加活用，成為一種讓他人得到幸福的工具。

「每個人都擁有實現理想的資源，能把它引導出來的，才是優秀的溝通者。」

我把這句話銘記於心，在日復一日的工作中，勉勵自己與失敗和挫折奮鬥。

櫻井勝彥

最後，我衷心感謝明日香出版社的久松圭祐先生。他給予了我此次出版機會，並從企畫到校稿各方面，提供我良好建議。

另外，我也想感謝讀到這邊的讀者們，我拙劣的文章或許有些難以理解的部分，真的很感謝大家能讀到最後。

職場生存心理戰術

打造好印象，讓工作都能如你所願

出　　版／楓書坊文化出版社
地　　址／新北市板橋區信義路163巷3號10樓
郵政劃撥／19907596　楓書坊文化出版社
網　　址／www.maplebook.com.tw
電　　話／02-2957-6096
傳　　真／02-2957-6435
作　　者／櫻井勝彦
翻　　譯／顏君霖
責任編輯／黃穫容
內文排版／洪浩剛
港澳經銷／泛華發行代理有限公司
定　　價／380元
初版日期／2024年11月

國家圖書館出版品預行編目資料

職場生存心理戰術：打造好印象，讓工作都能如你所願／櫻井勝彥作；顏君霖翻譯. -- 初版. -- 新北市：楓書坊文化出版社, 2024.11　面；　公分

ISBN 978-626-7548-17-2（平裝）

1. 人際關係　2. 溝通技巧　3. 職場成功法

494.35　　113014774